드론, 수학으로 날다!

고호경 · 최수영 · 김형식
김홍겸 · 이성자 · 신민경 지음

KYOWOO

본 내용은 2016년 한국과학창의재단 과제 「수학중심의 STEAM_미래사회와 수학」 내용의 일부를 발췌, 수정하였습니다.

드론, 수학으로 날다!

머리말

드론?

3D프린팅이나 인공지능, 자율주행, 바이오테크놀로지, 등등 미래사회를 주도할 기술들, 그 중 하나가 드론이다.

사람이 타지 않고 무선전파의 유도에 의해 비행하는 비행체인 드론

군사용 무기로 쓰였던 드론이 현재는 영화나 드라마 촬영, 물품조달, 재난 현장, 항공촬영 등 다양한 분야에서 활용되면서 사람이 직접 갈 수 없는 지역을 누비며 때로는 사람보다 더 정교한 일을 해 내고 있다.

대학에 드론학과가 생길정도로 드론에 대한 관심이 높아지면서 우리의 드론에 대한 궁금증과 호기심도 커져만 갔다. 드론을 어디서 날려야 하는지, 어떤 종류가 있는지, 무엇으로 만들어져 있는지, 어떻게 장애물을 피해서 날아가는지, 어떤 일을 할 수 있는지, 어떤 원리로 날아가는지 등등.

드론을 조종하고 날려보는 재미도 쏠쏠하지만 미래에 드론이 활용될 수 있는 다양한 분야에 대하여 생각해 보며 드론을 활용하기 위해 개발해야 할 기술 등을 알아보는 것도 가치 있을 것이다. 이 책은 드론에 대한 기본적인 이해를 할 수 있도록 하였고 더 나아가 미래에 활용될 드론의 기술, 역할, 활용 분야도 생각해 볼 수 있도록 하였다.

드론, 수학으로 날다!

'4차 산업혁명을 이끌어갈 주역은 수학이다'라는 기사를 심심찮게 접하게 된다. 사실 많은 신기술의 키워드는 수학적 원리가 자리 잡고 있다.

드론 비행의 원리에 담겨져 있는 수학.

드론에 대한 여러 가지 지식을 쌓는 것도 중요한 일이지만, 드론의 바탕이 된 이론인 수학을 함께 공부하는 것은 매우 의미 있는 일이다.

이 책은 드론의 중요한 원리가 된 수학적 개념을 이해할 수 있도록 하고, 드론의 여러 가지 원리와 접목하여 논리적인 사고의 과정을 통해서 문제를 해결하는 능력을 키워나갈 수 있도록 구성하였다.

마지막으로 독자 여러분 모두가 드론에 관련된 지식과 수학을 서로 융합하는 경험을 통해 보다 큰 그림을 가지고 무엇을 찾아야 자신의 문제를 해결할 수 있는지를 생각할 수 있는 계기가 되길 바란다.

- 저자 일동

차례

CHAPTER 01 드론을 만나다 !

CHAPTER 02 재난 현장에서의 드론

CHAPTER 03 파손된 드론 복구하기

CHAPTER 04 미래사회와 드론

CHAPTER

01

드론을 만나다!

1. 드론이란?
2. 드론의 사용 예
3. 드론 관련 규정
4. 드론이 구성요소
5. 드론의 소재
6. 드론의 비행원리

• 어? 저게 뭐지? •

'어휴! 아직 4시 밖에 안 되었네.'

평소에는 한번 잠이 들면 잘 깨지 않는데 요즘 들어서 자주 깬다. 아마도 지난번에 학교에서 했던 진로설명회 이후인 것 같다.

중학교 시절, 별다른 고민 없이, 그냥 성적에 맞추어 인문계 고등학교로 진학을 결정하였다. '입학하면 어떻게든 되겠지'라고 생각했었다. 그런데 막상 입학하고 보니 내 진로를 결정하기란 정말 쉬운 일이 아니었다.

주변의 사람들에게 많은 질문을 하기도 했다. 선생님과도 상담을 해봤고 부모님과도 이야기 해보았다. 물론 친한 친구들에게도 이런 고민을 털어 놓았다. 하지만 답을 찾기는 쉽지 않았다. 이러한 고민은 진로설명회 후 더욱 심해진 것 같다. 진로설명회에서 어떤 강사께서 자신의 진로를 스스로 찾고 이를 주도적으로 준비하는 것이 중요하다고 이야기를 해주셨다. 그런데 나는 아직 내가 무엇을 해야 할지 잘 모른다. 아니 내 적성이 무엇인지도 잘 모르겠다.

진로와 관련한 고민들은 시간이 지나가면서 깊어졌다. 이런 내 모습이 신경 쓰이셨는지 부모님께서는 나와 대화의 시간을 자주 가지려고 하셨다. 하루는 집에서 가까운 광나루에 가보자고 하셨다. 특별히 할 것도 없던 차에 흔쾌히 따라 나섰다. 광나루에는 많은 사람들이 있었다. 아이와 함께 공놀이를 하는 젊은 부부의 모습, 데이

트하는 연인들의 모습, 반려견을 데리고 나와서 함께 산책하는 사람들의 모습을 보면서 '저 사람들은 언제 진로를 결정했을까? 지금은 모두 자신들의 진로를 찾고 자신이 맡은 영역에서 최선을 다하고 있는 거겠지? 그런데 나는 아직 이렇게 헤매고 있으니…….' 이런 상념에 잠겨 있던 중, 굉장히 신기한 물체를 하나 보았다.

'어? 저게 뭐지?'

얼마 전 TV에서 본 드론(drone) 이었다. 그 때 TV에 나왔을 때는 별로 관심이 없었는데 드론이 날아다니는 모습을 직접 보니 굉장히 신기했다. 다섯 살 정도 되는 아들과 함께 나온 아저씨 한 분이 드론을 조종하고 있었다. '가서 한 마디 말을 붙여 볼까?' 생각도 했지만 겸연쩍어 포기하고 말았다. 집으로 돌아오는 동안 머릿속에는 온통 드론 생각뿐이었다. 그리고 드론과의 운명적인 조우를 한 그날, 자려고 잠자리에 누웠는데 계속 머릿속에 드론이 날아다녔다.

'드론은 최초로 누가 만들었을까? 이름은 왜 드론일까? 드론은 어떤 원리로 날까? 어디에 사용할 수 있을까?' 생각이 꼬리에 꼬리를 물어 쉽게 잠이 들지 않았다. 갑자기 가슴이 뛰면서 가슴 깊은 곳에서 뭔가 뜨거운 것이 올라오는 것 같았다. 내일 드론에 대해 본격적으로 찾아봐야겠다는 생각을 하며 잠을 청했다.

오랜만에 가족이 모여서 저녁식사를 마친 후 TV 뉴스를 보고 있었다. 그런데 외국의 어느 나라에서 지진으로 인해 한 마을이 고립이 되었고, 이 마을에는 생존자가 많은데도 구호물자를 보내지 못해서 많은 사상자가 추가로 더 발생할 것이라는 내용이었다. 뉴스를 진행하는 아나운서가 안타까움을 전했고, 보고 있던 아버지께서도 안쓰러워 하셨다. 나는 문득 며칠 전 광나루에서 보았던 드론이 생각이 났다.

"아버지, 혹시 드론을 통해 구호물자를 전달하면 안 될까요?" 아버지께서는 좋은 생각이라며 "어떤 방법으로 구호물자를 전달할 수 있을까?"라고 질문을 하셨다. '드론에 어떻게 구호물자를 실어서 고립된 마을로 보낼 수 있을까?' 잠시 고민을 하다가 문득 외국의 한 택배회사가 드론을 이용하여 물건을 배송한다는 뉴스가 떠올랐다.

내가 직업을 가질 나이가 될 때에는 지금 존재하는 많은 직업들이 사라지고 새로운 직업들이 생겨나게 될 것이다. 그럼 어떠한 직업이 새롭게 생겨날 것인지 예측해보고 지금부터 조금씩이라도 준비를 해야 할 것이다. '그렇다면 요즘 새롭게 등장하고 있는 드론에 관해 알아보고 내 진로를 결정하면 어떨까' 하는 생각이 들었다.

드론은 과연 무엇일까?

1 드론이란?

1) 드론이란

드론은 사람이 타지 않고 무선전파로 원격조종할 수 있는 무인 항공기를 말한다. 수직착륙이 가능하며 전후 좌우 및 위아래로 자유롭게 움직일 수 있다. 무선 조종기를 통해서 드론을 조종하며 카메라와 각종 센서 그리고 통신시스템 등이 탑재돼 있으며 25g부터 1,200kg까지 무게와 크기도 다양하다. 최근에는 백화점에서도 손쉽게 드론을 접해보고 구입할 수 있을 정도로 많이 보편화되었다.

드론은 군사 용도로 처음 생겨났지만 최근엔 고공 촬영과 배달 등으로 그 용도가 확대되었다. 이뿐만 아니라 값싼 키덜트(kidult)[1] 제품으로 재탄생되어 개인도 부담 없이 드론을 구매하는 시대를 맞이했다. 또한 농업 분야에서도 활용되어 농약을 살포하거나 새떼를 쫓는 데 사용하는 등 다방면에 활용되고 있다.

1) 어른들이 어린이가 되고 싶어하는 새로운 문화 형식을 의미하며 아이(kid)와 어른(Adult)의 합성어이다.

비행중인 드론
http://www.bodnara.co.kr/bbs/article.html?num=132345

~해보세요

위의 내용에서 나온 키덜트(Kidult)와 관련하여 어른들과 아이들이 모두 함께 좋아하는 키덜트 제품은 무엇이 있는지 생각해보고 이를 친구와 이야기해 봅시다.

2) 드론의 유래

드론이 처음 등장하게 된 것은 20세기 초반부터이다. 처음부터 보통 사람들이 사용할 수 있도록 만들어진 것이 아니고 군사용 무인항공기로 개발되었다. 사람이 직접 가기 힘든 위험한 지역을 드론이 대신 가서 정찰하거나 공격하기 위해서 군사용으로 개발된 것이다.

그럼 왜 드론이라는 이름으로 불리게 되었을까? 그 이유는 드론을 날리게 되면 나는 소리를 들어보면 금세 알 수 있다. 드론이라는 단어의 사전적 의미는 '윙윙거리다'라는 뜻이 있다. 이는 벌이 날 때 나는 소리를 나타내는데 작은 항공기가 소리를 내며 날아다니는 모습이 마치 벌과 같아서 이러한 이름이 붙여졌다.

초창기 드론은 공군에서 레이더, 대공미사일 등의 연습 표적용으로 사용되었다. 그러다가 점차 드론의 대형화가 이루어지면서 정찰기나 공격기로 용도가 확장 되었다. 조종사가 없이 위험한 곳까지 날아가서 적군의 상황을 파악하고 나아가서 폭격까지 할 수 있다는 장점 때문에 미국에서는 2000년대 중반부터는 드론을 군사용 무기로 적극 활용하게 되었다. 그래서 미래의 전쟁을 '드론 전쟁'이라고 부르기도 한다.

2 드론의 사용 예

현재 드론은 군사용을 비롯하여 기업용, 미디어용, 개인용 등 다방면으로 활용되고 있으나 군사용 드론에 비하면 아직도 시작 단계이다. 미국 국방부는 2014년 3,300만 달러(약 366억 원)를 드론을 위한 공항을 만들기 위해 투자할 만큼 드론 사업을 확장하고 있으며, 다른 많은 선진국들도 보다 향상된 드론 기술력을 보유하기 위해 많은 연구를 진행하고 있다.

그럼 군사용을 제외하고 일상생활에서 드론은 어떠한 용도로 사용되고 있을까? 지금부터 드론이 어떠한 용도에서 다양하게 사용되고 있는지 알아보자.

배송용 드론

구글, 페이스북, 아마존 같이 세계적으로 손꼽히는 기업들이 최근 개발하기 위해 몰두하고 있는 기술 중 하나가 바로 드론 기술이다. 이 중 재고 관리와 유통시스템 자동화를 위한 기술에 투자를 하고 있다고 알려진 아마존은 2013년 12월 '프라임 에어'라는 새로운 배송 시스템을 공개하였다. '프라임 에어'는 택배직원 대신 드론이 업무를 담당하는 유통서비스이다. 주문하면 몇 시간 내에 드론을 이용하여 주문자의 집앞까지 배달해주는 방식으로 노동 인력을 획기적으로 줄일 수 있는 장점이 있다. 이 새로운 드론 배달 서비스는 현재 미국 연방항공청(FAA)의 허가를 기다리는 중이며, 아마존은 법적인 규제가 풀리는 대로 이 서비스를 선보일 예정이라고 밝혔다.

이러한 흐름 덕분에 드론을 전문적으로 개발하는 벤처기업들이 많은 성장을 하고 있다. 인터넷 사업 확장을 위해 열을 올리는 구글과 페이스북은 이러한 벤처기업에 관심을 가지고 있는 글로벌 기업들 중 하나이다. 구글은 2014년 4월 드론 제조업체인 타이탄 에어로스페이스를 인수했다. 직원 20여 명 정도밖에 되지 않는 이 작은 회사를 매수하기 위해 페이스북도 많은 노력을 하였지만 구글에게 빼앗기고 말았다. 페이스북도 약 2천만 달러(약 208억 원)를 지불하고 다른 드론 업체인 어센타를 인수하는 등 드론에 대한 많은 관심을 나타내었다.

무선인터넷을 보급하기 위해 구글은 열기구를 이용하는 '프로젝트 룬'이라는 사업을 진행하고 있으며, 페이스북에서는 '인터넷닷오아르지'라는 프로젝트로 저개발 국가에 인터넷 기술을 보급하고 있으며, 약 1만여 대의 드론을 띄워서 중계기로 활용할 계획을 가지고 있다.

배송용 드론

군사용 드론

군사용으로 드론을 사용하는 주된 이유는 공격하는 입장에서 인명피해 없이 효과적으로 적을 제압할 수 있다는 장점 때문에 많이 사용하게 된다.

가장 먼저 정찰용 드론을 생각할 수 있다. 정찰이라 함은 적군이 모르게 몰래 가서 그들의 동태를 살펴보고 작전을 어떻게 세울지 대처하기 위함이다. 그런데 사람이 직접 가서 정찰을 한다면 많은 위험이 뒤따른다. 만약 적에게 붙잡히게 된다면 인명피해는 물론 오히려 적에게 아군의 정보를 줄 수 있는 불리한 상황을 만들어 낼 수 있다. 그런데 이를 드론이 대신한다면 우선 사람이 직접 가지 않아도 되므로 아군의 인명피해 걱정은 없게 된다. 또한 사람보다 신속하게 원하는 곳으로 가서 정확한 영상을 촬영해 올 수 있어서 사람보다 더 정확한 정보를 얻을 수 있다. 이와 같은 장점들 때문에 드론이 사람을 대신하여 임무를 수행하고 있다.

둘째로, 공격용 드론을 생각할 수 있다. 물론 드론에는 많은 양의 무기를 장착할 수는 없다. 하지만 기본적으로 탑재할 수 있는 무기만으로도 많은 효과를 볼 수 있다. 또한 사람이 직접 가지 않아도 되므로 아군의 인명피해는 신경 쓰지 않아도 된다. 또한 원하는 장소에 신속하게 날아가서 임무를 수행할 수 있는 장점 때문에 미국은 2004년부터 전쟁에서 드론을 사용하였으며 2010년에는 파키스탄과 예멘에 100회가 넘게 드론을 사용하여 폭격을 가하여 많은 사상자를 내기도 했다. 하지만 어린이 등 민간인들의 피해가 많아 많은 비난을 받게 되었다. 그 후 미국에서는 드론으로 무차별 폭격을 가하는 것에 대해 좀 더 엄격한 기준을 제시하여 드론을 이용한 공격을 줄이기도 했다.

(군사용 드론)
https://en.wikipedia.org/wiki/General_Atomics_MQ-1C_Gray_Eagle

촬영용 드론 및 개인용 드론

신문·방송 업계나 영화제작사에서도 드론에 큰 관심을 가지고 있다. 주로 촬영용 기기로 활용하기 위해서인데, 스포츠 중계, 재해 현장 촬영, 탐사보도, 드라마 촬영 등 드론을 활발하게 사용하고 있다. 드론에 카메라를 탑재하면 지리적인 한계나 안전상의 이유로 가지 못했던 장소를 생생하게 렌즈에 담을 수 있으며, 촬영 비용이 저렴하여 값이 비싼 항공촬영을 대체할 수 있다는 점에서 많이 이용하고 있다.

대표적인 예로 〈내셔널지오그래픽〉은 2014년 탄자니아에서 사자 생태를 촬영하는 데 드론을 사용하였으며, 〈CNN〉도 터키 시위 현장, 필리핀 태풍 하이얀으로 인한 피해지역 등 사람이 직접 취재하기 위험한 지역에 드론을 '특파원'으로 파견했다. 2010년 아이티 지진이나 2011년 일본 대지진 당시에도 사람이 접근하기 어려운 지역에 드론을 파견하여 촬영한 전례가 있다.

국내에서도 이미 '꽃보다 할배', '삼시세끼' 등의 예능 방송이나 드라마에서 촬영 효과를 높이기 위해 드론을 활용하고 있다. 이러한 촬영용 드론의 수요가 점점 늘어나자 HD급 고화질 동영상과 사진을 촬영할 수 있는 드론의 생산량 역시 증가하는 추세이다. 드론에 대해 관심을 보이는 곳은 언론사뿐만이 아니다.

배달 업계에서도 드론에 대해 많은 관심을 두고 있다. 대표적인 예는 영국의 도미노피자 회사이다. 이들은 2014년 6월 유튜브에 피자를 배달하는 드론의 모습을 공개했으며, 법적인 규제가 완화되면 몇 년 안에 실제 배달 서비스에 드론을 사용할 예정이라고 밝혔다. '파슬콥터'라는 드론을 만든 DHL은 이미 2014년 9월부터 육지에서 12km 떨어진 독일의 한 섬에 의약품과 긴급구호물품을 전달하는 데 드론을 사용하였다.

최근엔 개인, 특히 RC마니아나 키덜트족을 주 고객층을 겨냥한 드론도 나오고 있다. 스마트폰으로 간편하게 조종할 수 있다는 장점 덕분에 큰 인기를 끌고 있다. 좀 더 보편적인 고객층을 대상으로 한 '셀카를 찍을 수 있는 드론'도 개발된 것으로 보아, 앞으로 일반 소비자를 공략한 드론 사업은 꾸준히 확대될 전망이다.

촬영용 드론과 해상구조용 드론
사진 연합뉴스 제공

의료용 드론

또한 드론은 사람의 생명을 살리는 데도 사용될 수 있다. 예를 들어 위급한 환자가 발생한 경우 의사가 드론을 이용하여 원격으로 응급상황을 보고, 응급조치를 할 수 있도록 지시할 수 있다. 또한 통신망이 깔리지 않은 오지에 있는 조난자를 구출할 때 통신망이 달린 드론을 띄워서 기지국으로 이용하기도 한다. 테러지역에 파견하여 시민들의 인명을 구조하거나, 테러범을 공격하여 테러를 미연에 방지하는 역할을 할 수도 있다.

측량용 드론

드론을 항공측량에 사용하기도 한다. 충청남도에서는 2016년 실험운영을 거쳐 2017년부터는 항공측량에 드론을 본격적으로 도입 예정이다. 고정익과 회전익 드론을 각각 활용하게 되는데 고정익 드론의 성능은 시속 85km로 날면서 최대 40분 동안 자동 비행하면서 위성항법측량시스템을 통해 정밀측량을 할 수 있다. 회전익 드론은 20분 정도 비행할 수 있는 성능을 가지고 있으며 고정익 드론으로 촬영하기 힘든 지역을 담당하게 된다. 이처럼 많은 비용을 들여서 사람이 직접 조사하거나 아니면 헬기 등을 이용하여 조사하던 기존의 방식에서 드론을 이용하는 방식을 도입하면서 인력과 비용을 많이 절감하게 되었다.

https://www.youtube.com/watch?v=FFIlAOjRj-4	
참고 사이트	QR코드

3 드론 관련 규정

위에서 살펴본 것처럼 드론은 생활 속 다양한 분야에 사용되고 있다. 하지만 우리나라에서 드론을 마음대로 날릴 수 있을까? 정답은 '아니오'이다. 드론을 사용하기 위해서는 여러 가지 규정과 절차가 있기 때문이다. 지금부터 드론과 관련된 여러 가지 규정 및 절차에 대해 알아보자.

가장 먼저 살펴보아야 하는 것은 드론의 무게다. 연료를 제외한 자체 중량만 고려했을 때 12kg을 기준으로, 이를 초과하면 반드시 관할 지방 항공청에 신고하고 교통안전공단으로부터 안전성 인증을 받아야 드론을 사용할 수 있다. 하지만 자체 중량이 기준보다 이하인 드론은 별도의 신고나 안전성 인증을 받지 않아도 된다.

수도권 공역도
http://www.molit.go.kr/USR/policyTarget/m_24066/dtl.jsp?idx=584

또한 항공법으로도 드론을 날리기 위한 안전수칙을 규정하고 있다. 우선 기본적으로 조종자는 드론의 움직임을 눈으로 관찰할 수 있는 가시 범위 내에서 조종하여야 한다. 장소에 따른 제약도 있다. 수도권의 경우 비행금지구역(P-73A, P-73B, P-518)에서의 비행은 반드시 사전에 지방항공청장의 허가를 득해야 하며, 비행제한구역(R-75)에서 고도 150m 이상으로 비행할 시에도 사전 허가가 필요하다.

비행예정일로부터 최소 3일 전까지 비행허가 신청을 해야 하며, 낙하물 투하, 인명・재산에 위험을 초래할 우려가 있는 상공에서의 비행, 안개 등으로 목표물을 육안으로 확인할 수 없는 상태에서의 비행, 야간 비행의 경우 항공법에 따라 최대 200만원의 과태료가 부과가 된다.[항공법 시행규칙 제68조(조종자 준수사항)]

다음은 위에서 설명한 12kg 이상의 드론을 날리기 위한 신고절차를 표로 나타낸 것이다.

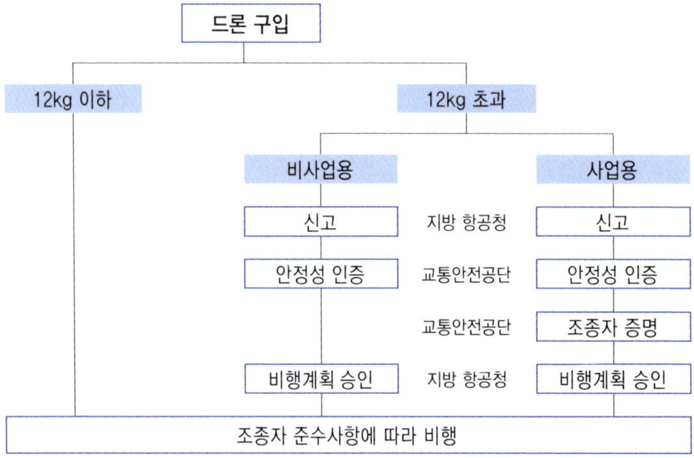

초경량비행장치 전용공역

그럼 드론을 자유롭게 날릴 수 있는 장소에 대해 알아보자. 드론을 비행계획 승인 없이 날릴 수 있는 '초경량비행장치 전용공역'은 항공정보간행물(AIP)에 고시되어 있다. 시화나 양평 등 전국에 18개소에 마련되어 있는 '초경량비행장치 전용공역'을 이용하면 위에서 나열되고 있는 여러 가지 규제에서 벗어나 자유롭게 드론 비행을 즐길 수 있다. 현재 고시된 18개의 공역은 다음과 같다.

▌항공정보간행물(AIP)에서 고시한 18개 공역▐

연번	공역	지역	연번	공역	지역
1	구성산	전북	10	시화	경기
2	약산	경북	11	성화대	전남
3	봉화산	경남	12	방장산	전남
4	덕두산	전북	13	고흥	전남
5	금산	경남	14	담양	전남
6	홍산	전북	15	구좌	제주
7	양평	경기	16	하동	경남
8	고창	전북	17	장암산	강원
9	공주	충남	18	미악산	제주

최근 늘어난 드론 이용자들의 수요를 충족시키기 위해 강원 영월 하송리, 대구 달성 구지면, 부산 해운대 중동, 전남 고흥 고소리, 전북 전주 완산구 총 5곳이 초경량비행장치 전용공역으로 추가 지정 되었다(2015.12.29.).

대낮에 사람이 많지 않은 경우라면, 비행금지 구역이 아닌 한강 이남 지역에서 150m 이하로 드론을 띄우는 것은 별도의 신고가 없어도 가능하다. 또한 적절한 조명장치가 있는 실내 공간이라면 야간에도 승인 없이 비행이 가능하다.

http://www.molit.go.kr/USR/policyTarget/m_24066/dtl.jsp?idx=584	
참고 사이트	QR코드

4 드론의 구성요소

드론은 외형적으로 보면 크게 조종기(Controller)와 본체로 나눌 수 있다. 지금부터 간단하게 회전익 드론을 기준으로 어떠한 부품으로 구성되어 있는지 알아보자.

조종기(Controller)

드론은 원격으로 조종되기 때문에 당연히 드론을 제어하는 조종기가 있어야 한다. 조종기에는 신호를 보내주는 송신장치가 있으며, 드론 본체에는 조종기에서 보내주는 신호를 수신하는 수신장치가 존재한다. 조종기의 버튼이나 레버 등을 이용하여 드론을 원하는 방향으로 날릴 수 있게 된다.

스마트폰을 연결하여 드론에 장착된 카메라를 통해
영상을 보면서 조종할 수도 있다.
https://www.flickr.com/photos/andrikoolme/23075494094

드론 본체

드론 본체를 구성하고 있는 핵심적인 부품을 나열해보면 배터리, 모터, 프로펠러, FCU(Flight Control Unit), ESC(Electronic Speed Conrol) 그리고 각종 센서 등이 있다.

배터리

우선 드론을 움직이는 동력공급은 배터리로부터 시작이 된다. 드론에는 우리가 보통 사용하고 있는 알카라인 전지가 아닌 리튬 폴리머(Li-Polymer) 배터리를 사용한다. 배터리의 용량에 따라서 얼마나 오랫동안 비행할 수 있느냐를 가늠하는 중요한 기준이 된다. 리튬 폴리머 배터리는 리튬이온 배터리보다 에너지 효율이 높으며 인체에 유해한 중금속을 사용하지 않는다. 또한 다양한 형태의 크기로 제작이 가능하여 소형 드론에서 많이 사용하고 있다. 하지만 저온에서는 성능이 저하되며, 과 충전시 배터리가 부풀어 오르는 스웰링(Swelling) 현상이 발생하기도 한다. 또한 제조공정이 복잡하고 제작 가격이 높은 단점이 있다.

드론에 사용되는 리튬 폴리머 배터리

모터(Motor)

배터리에서 전원을 공급받아 프로펠러를 회전하는 데 사용되는 모터는 보통 DC모터 혹은 DC모터에서 브러쉬를 제거한 브러쉬리스 DC모터를 사용한다. 모터의 성능이 드론의 출력을 결정하는 아주 중요한 부품이므로 사용용도에 따라서 고가의 모터를 사용하기도 한다.

프로펠러(Propeller)

프로펠러는 드론이 실제로 날 수 있도록 하는 역할을 하는 중요한 부품이다. 프로펠러의 수에 따라서 헬리콥터(프로펠러 2개), 트라이 콥터(프로펠러 3개), 쿼드콥터(프로펠러 4개), 헥사 콥터(프로펠러 6개), 옥토 콥터(프로펠러 8개)로 나눌 수 있다. 프로펠러가 많으면 추진력과 힘, 속도면에서는 유리하나 전력소모가 심하고 그만큼 모터가 많이 들어가므로 무겁다는 단점이 있다.

헬리콥터

쿼드 콥터

헥사 콥터

옥토콥터

프로펠러 수에 따른 드론의 분류

프로펠러를 만드는 재질로는 플라스틱이 많이 사용되며 카본이나 나무 등의 재질을 사용하는 경우도 있다.

비행조정장치(FCU-Flight Control Unit)

사람의 뇌에 해당하는 부분으로 드론의 항로, 자세 등을 수학적으로 계산하여 드론이 제대로 비행할 수 있도록 하는 핵심부품이다. 컴퓨터의 메인보드처럼 FCU에는 각종 센서와 전자부품 등으로 이루어져 있으며, 드론의 사양에 따라서 부품의 종류와 성능이 달라진다.

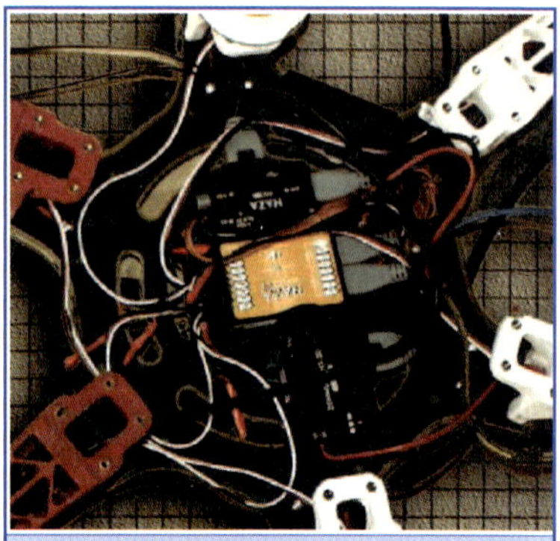

드론의 두뇌부분인 FCU
goo.gl/A2v8Qp

전자 속도 조정장치(ESC-Electronic Speed Conrol)

조종기를 통해 사람이 보낸 신호를 FCU에서 수학적인 계산을 하여 그 결과를 모터로 보내게 된다. 하지만 모터에서는 FCU에서 받는 명령을 섬세하게 처리할 수 없어서 중간에서 모터의 회전 속도를 조절해주는 부품이 바로 ESC이다.

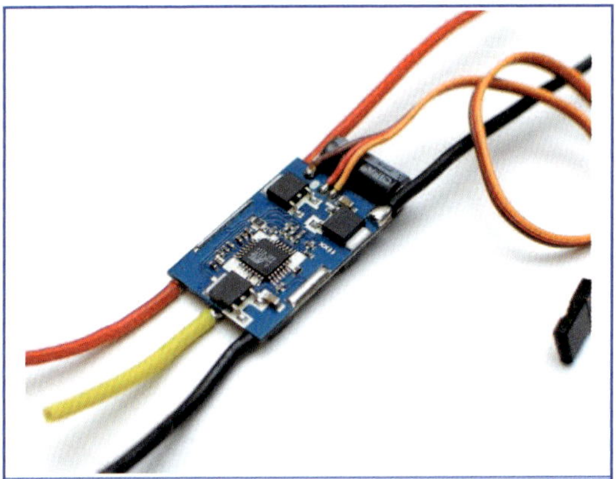

모터의 회전 속도를 조절해주는 ESC(Electronic Speed Conrol)
https://en.wikipedia.org/wiki/Electronic_speed_control

5 드론의 소재

드론을 만들기 위해 어떠한 소재를 사용하면 좋을까?
우선 드론의 소재는 어떠한 성질을 가져야 하는지 알아보자.

경량성

드론의 무게가 무거워질수록 드론을 띄우는 데 많은 동력이 필요하게 된다. 더 많은 동력을 확보하기 위해서는 더 큰 엔진이나 모터를 필요로 하게 되고, 이 때문에 무게가 더욱 더 무거워지게 되는 악순환이 반복된다. 반대로 지나치게 가벼워서 약한 바람조차 이기지 못하고 휩쓸려 가 버려서도 안되겠지만, 기본적으로 드론은 모터나 카메라 등의 핵심부품을 제외하고는 가벼운 소재를 사용하여 무게를 줄이는 것이 유리하다.

내구성

드론을 날리다보면 예상치 못한 상황에서 다른 구조물, 혹은 다른 드론과 부딪히는 경우가 있을 수 있다. 잘 날아가는 것도 중요하지만, 오래 사용하기 위해서는 어느 정도 충격에는 견딜 수 있을 만큼 강해야 한다. 특히 본체나 프로펠러 등은 쉽게 파손되지 않는 소재로 제작이 되어야 한다.

경제성

새롭게 개발된 드론이 아무리 잘 날고 튼튼하더라도 제조비용이 많이 들어가 가격이 비싸진다면 다양한 분야에 활용하기가 어렵다. 따라서 드론이 좀 더 많은 곳에서 대중적으로 사용되기 위해서는 제조비용이 저렴해야 한다.

활용성

드론에 카메라 등 다른 장치를 장착하거나, 드론을 이용하여 물건을 안정적으로 운반하는 등 다양한 분야에서 사용될 수 있도록 활용성을 높이려면 용도에 맞춰서 드론을 변형하는 것이 용이해야 한다. 사용 용도에 맞게끔 적당한 크기와 무게가 갖춰져야 한다. 단순 촬영용의 경우 카메라를 장착할 수 있는 부분이 잘 만들어져야 하며, 물건을 나르는데 사용되는 경우 강력한 모터가 장착되어 있어야 한다.

위의 네 가지 요건을 고루 갖추고 있는 신소재가 바로 '탄소섬유'이다. 다음은 탄소섬유 소재와 관련된 기사이다. 기사 내용을 통해 탄소섬유의 특징을 알아보자.

기사 1. 연합뉴스, 박대한 기자, 2015.11.26

효성은 오는 29일까지 코엑스에서 열리는 '2015 창조경제박람회'에서 독자기술로 개발한 첨단소재인 탄소섬유 및 폴리케톤 응용 제품들을 대거 선보인다고 26일 밝혔다. 지난 2013년부터 3년 연속 박람회에 참가 중인 효성은 '인류의 미래가치를 창조하는 첨단소재'를 주제로 전시부스를 구성했다. 탄소섬유는 강철보다 4분의 1 이상 가볍지만 강도는 10배 이상 강해 다양한 산업 분야에 적용되고 있다.

효성은 이번 전시회에서 산업 · 자동차, 의료, 라이프 · 사무 등 3개 분야의 탄소섬유 응용제품을 소개한다. 산업 · 자동차 분야에서는 차체를 탄소섬유로 만든 자동차 및 브레이크디스크, 버스 연료탱크, 발열 의자 등을 전시하고 의료분야에서는 휠체어, 스포츠 의족 등을 선보인다.

라이프 · 사무 분야에서는 여행용 캐리어, 전자기타, 노트북 등을 통해 가볍고 튼튼한 탄소 섬유의 장점을 보여줄 계획이다.

~해보세요

위 기사를 통해서 신소재 탄소섬유의 특성이 무엇이며 어떤 곳에 활용될 수 있을지 생각해보고 이를 친구와 이야기해 봅시다.

| 참고 | 탄소섬유란?

19세기 말 에디슨이 백열전구용 탄소 필라멘트를 발명하면서 탄소섬유의 개발이 시작되었다고 할 수 있다. 미국에서는 탄소 필라멘트 만드는 것을 응용하여 로켓모터와 노즐에 사용할 열에 강한 재료를 개발하는 과정에서 탄소섬유가 만들어졌다.

'그라파이트 섬유'라고도 불리우는 탄소섬유는 탄소가 주성분인 0.005~0.01mm 굵기의 아주 가는 섬유를 말한다. 탄소섬유를 구성하고 있는 탄소 원자들은 탄소섬유의 길이 방향을 따라서 육각 고리 결정의 형태로 붙어 있으며 이러한 분자 배열구조로 인해 아주 강한 물리적 속성을 띠게 된다. 수 천가닥의 탄소섬유를 꼬아서 한 가닥의 실을 만들게 되며 이 실을 가지고 여러 가지 형태의 모양을 만들게 된다.

탄소섬유는 쇠보다 밀도가 훨씬 낮아서 똑같은 물건을 만들어도 무게는 훨씬 가볍고 높은 인장강도와 경량성, 낮은 열팽창률 때문에 자동차나 건축, 토목, 심지어는 우주항공 산업에도 사용된다. 탄소섬유로 자동차를 만들 경우 강도는 철판보다 10배 이상 강하지만 무게는 60%이상 가벼워서 연비개선이나 이산화탄소 배출 감소라는 이익을 얻을 수 있어서 많은 자동차 회사에서 탄소섬유를 사용하고 있다.

하지만 탄소섬유도 단점이 없는 것은 아니다. 아직은 가격이 다른 물질보다 비싸서 고급 제품에만 사용되고 있으며, 순간적인 충격에는 약하기 때문에 지금도 그러한 단점을 보완하기 위해 많은 연구를 하고 있다.

(https://www.newikis.com/ko/wiki/%ED%83%84%EC%86%8C%EC%84%AC%EC%9C% A0)

탄소섬유	탄소섬유를 이용하여 만든 자동차

https://www.youtube.com/watch?v=FFllAOjRj-4	QR코드 이미지
참고 영상 주소	QR코드

6 드론의 비행원리

이제 드론의 비행원리에 대해 알아보도록 하자. 드론을 포함한 항공기는 날개의 형태에 따라 고정익기, 회전익기 그리고 두 가지 방식이 혼합된 복합형으로 나뉜다. 고정익기는 날개가 고정되어 있다고 해서 붙여진 이름이며, 사람들이 일반적으로 생각하는 보잉 747 같은 비행기의 형태이다.

비행기(고정익기)의 비행원리[2)]

비행기가 날 수 있는 원리는 다음과 같다. 자동차를 타고 달리면 바람이 불고 있지 않아도 창으로 바람이 들어오는 것처럼 어떠한 사물이 움직이면 공기의 흐름이 생긴다. 마찬가지로 비행기가 엔진 등의 추진 장치에 의해 높은 속도로 활주로를 달리게 되면 공기의 흐름이 발생해 바람이 비행기가 반대 방향으로 흐르게 된다.

즉, 비행기가 엔진의 힘을 이용해 빠르게 활주로를 달리면 반대편에서 공기가 빠른 속도로 날개를 향해 다가오는 것이다. 다가온 공기는 날개를 중심으로 위아래로 분리되어 흐르게 되는데, 날개 모양의 특성상 윗면의 공기가 더 빠르게 이동하고 아랫면은 느리게 이동한다.

2) 〈참고〉 베르누이의 원리 : 공기의 흐름이 빠른 곳에서는 압력이 작고, 공기의 흐름이 느리면 압력이 크다는 원리이다.

이러한 공기의 속도 차이는 날개 위아래 간의 압력 차이를 발생시키고, 이 압력 차이가 날개를 위쪽으로 들어 올리는 작용을 하여 비행기를 이륙시키고, 상공에 떠 있도록 만들어 준다. 이러한 힘을 양력이라고 부른다.

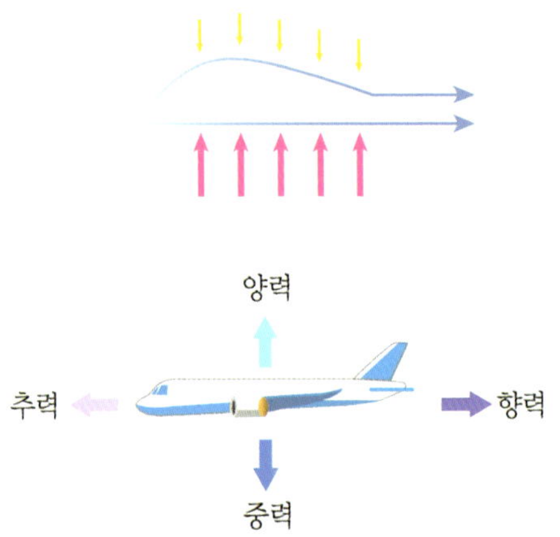

비행기에 작용하는 네 가지 힘
출처 : http://goo.gl/ymXqbK 한국항공우주연구원 카리스쿨

드론(회전익기)의 비행원리

보통 우리가 쉽게 볼 수 있는 드론은 날개가 4개이다. 그래서 정확한 명칭을 쿼드로터라고 부른다. (쿼드는 4개, 로터라는 말은 프로펠러를 의미한다.)

그럼 쿼드로터의 비행원리에 대해 알아보자.

쿼드로터는 프로펠러가 대각선으로 마주보는 것끼리 같은 방향으로 회전하고, 바로 옆에 있는 프로펠러는 반대 방향으로 회전한다. 그리고 회전 방향과 반대로 돌아가는 힘이 동체에 작용하여 하늘로 떠오르게 된다.

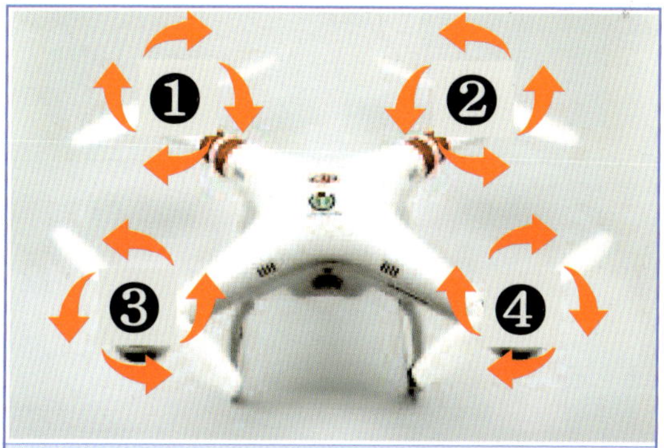

드론의 날개 회전 방향

높낮이와 방향을 전환하고 싶다면 프로펠러의 회전속도를 바꾸어주면 된다. 예를 들어 4개의 프로펠러가 같은 속도로 고속회전하면 제자리에서 상승하게 되고, 반대로 저속회전하면 하강을 하게 된다. 드론의 무게에 맞는 일정한 속도로 프로펠러가 회전하게 되면 드론이 공기 중에서 제자리에 머물게 된다. 앞부분에 있는 2개의 프로펠러 속도를 줄이게 되면 앞부분은 하강하게 되고 뒷부분의 회전력은 유지되므로 드론을 앞으로 나아가게 할 수 있다.

반대로 뒷부분에 있는 2개의 프로펠러 속도를 줄이면 드론을 뒤로 이동시킬 수 있다. 결국 내가 이동하고 싶은 방향의 프로펠러의 속도를 줄이는 방법을 이용하여 드론을 자유자재로 움직일 수 있는 것이다.

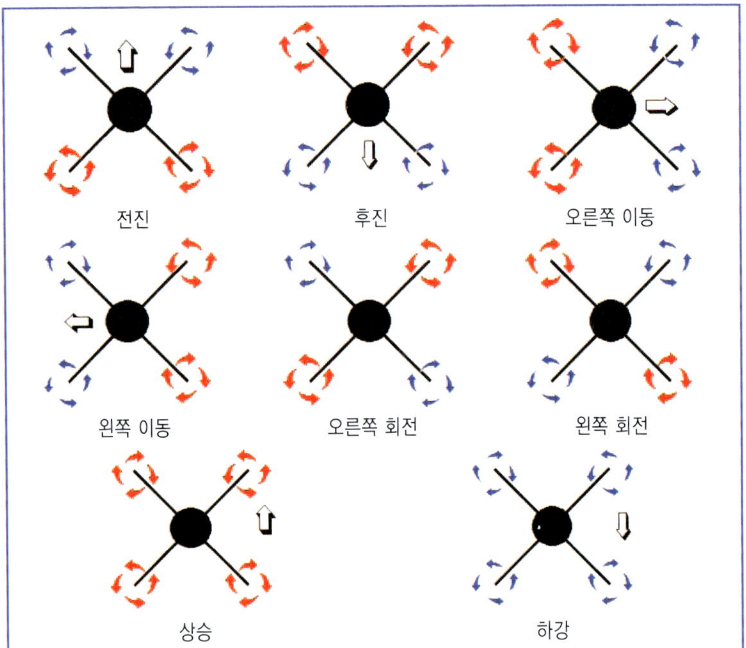

드론의 방향전환 원리
(빨간색은 고속회전, 파란색은 저속회전을 의미함)

드론을 날릴 때 작용하는 다른 힘에는 어떤 것들이 있을까?

실제 드론을 조정하게 되면 여러 가지 힘이 복합적으로 작용하게 된다. 우선 지구가 드론을 잡아당기는 중력과 그와 반대되는 프로펠러의 회전에 의해 생기는 추진력, 공기와 기체의 마찰로 인해 추진력을 방해하는 항력, 그리고 바람 등의 외부에서 작용하는 외력 등이 여기에 해당

된다. 따라서 우리는 드론을 날릴 때 이러한 여러 가지 외부 요인들을 항상 고려하여야 한다.

~해보세요

위의 내용 외에도 드론을 날릴 때 고려해야 할 부분이 무엇이 있을지 생각해 보고 이를 친구와 이야기해 봅시다.

CHAPTER

02

재난 현장에서의 드론

1. 장애물 회피기술
2. 드론의 움직임
3. 드론과 에너지
4. 두 점 사이의 거리
5. 드론의 경로

• 고마운 드론 •

얼마 전 TV를 시청하다가 일본에서 일어난 지진에 관련된 뉴스를 보았다. 뉴스의 내용은 다음과 같았다.

> 일본의 한 도심지역에 지진이 일어났는데 위치의 특성상 고층 건물이 많아 건물이 많이 붕괴되었다. 고층건물들이 한꺼번에 무너지면서 많은 사람들이 매몰이 되었으며, 지진의 여파로 많은 도로가 유실이 되어 그 지역이 고립이 되었고, 이로 인해서 수많은 이재민이 발생하였다.
>
> 정부는 이 상황을 타개하기 위해 재난 지역으로 구조대를 급파했다. 재난 지역을 찾은 구조대는 무너진 건물 틈 사이에서 사람들을 구하기 시작했다. 하지만 건물들의 틈이 너무 좁아 어느 위치에 사람이 매몰되어 있는지 잘 알 수가 없었다. 또한 설상가상으로 재해 복구를 하던 도중 여진이 발생하여 남아 있던 유일한 도로마저 유실이 되었다. 이로 인해 지진이 일어난 곳에 있는 이재민들에게 전달될 구호물품의 전달이 어렵게 되었다.
>
> 현재 수도마저 끊겨 마실 물이 부족한 상황이며, 전염병까지 발생하여 비상약품이 필요한 현실이다.

뉴스 기사에 나타난 상황을 보니 지진이 일어난 곳에 여러 교통수단의 접근이 쉽지 않다는 이야기였다. 특히 식수가 부족하여 생존자들도 힘들어 하고 있으며, 전염병으로 2차 재난이 발생한 상황이다. 뉴스 기사를 보면서 지금 관심을 갖고 있는 드론을 생각해 보았다. 드론을 통해서 이러한 상황을 해결할 수는 없을까? 만약 이러한 상황을 해결하기 위해 드론을 활용하려면 어떤 원리들이 필요할까?

1 장애물 회피기술

드론이 목적지로 가는 길에 장애물이 있다고 생각해보자.

만약 드론을 사람이 조정하지 않는다면 드론은 장애물을 피하지 못하고 부딪히는 일이 발생하게 된다. 즉, 드론이 스스로 장애물을 감지하여 대하는 기술이 필요하다.

이것과 관련된 기술이 '장애물 회피' 기술이다. 이에 대해 더 알아보려고 검색하던 중 드론의 충돌회피 기술에 대해서 알게 되었다. 다음은 이와 관련된 기사이다.

[하늘을 날고 있는 드론]
출처 : http://goo.gl/oQUv95

드론의 충돌회피 기술은 크게 '지상기반'과 '탑재기반' 기술로 나뉜다. 우선 지상기반 충돌회피 기술은 지상에서 조종사가 화면이나 레이더를 통해 비행체를 관측해 충돌을 탐지하는 기술이다. 지상통제소와 무인항공기간 실시간으로 정보를 송수신하는 기술과 무인항공기 제어기술이 그 중심이 된다.

장애물을 피하며 비행하는 무인항공기(드론)의 충돌회피 기술에 대한 관심이 커지면서 국내에서도 관련 기술 개발이 활발히 이뤄지고 있는 것으로 나타났다. 27일 특허청에 따르면 드론의 충돌회피 기술과 관련된 특허출원이 과거 3년간(2009~2011년) 단 8건에 불과했지만, 드론이 대중화된 최근 3년간(2012~2014) 21건으로 163% 늘었다.

(참고 : 특허청 보도자료, 2015.07.28.)

회피기술을 활용한 드론 경주

드론과 관련하여 드론이 충돌을 회피하기 위해서 여러 가지 기술이 활용된다. 위의 글을 읽어보면 드론끼리 서로 부딪히지 않게 하거나 장애물을 피할 수 있는 기술을 지니고 있다는 것을 알 수 있다.

이러한 드론의 충돌 회피 기술이 이용되는 곳에는 여러 가지가 있다. 지난 번 춘천에서는 국제레저대회에서 '드론 레이싱'이 정식종목으로 채택이 되기도 하였다.

D1 그랑프리, 하늘을 달리는 드론

기사등록 일시 [2016-07-24 17:46:14]

【인천=뉴시스】 박문호 기자 = 24일 오후 인천 남구 매소홀로 인천SK행복드림구장 스카이박스에서 열린 '제1회 드로젠배 D1 GRANDPRIX(D1 그랑프리)' 본선에 진출한 드론들이 결승선을 향해 하늘을 달리고 있다.

한국의 드론 산업에 대한 이해를 돕고, 국내 드론 제조기술에 대한 우수성을 일반인들에게 알리기 위해 마련된 이 대회의 상금은 스포츠드론 FPV 대회 총 9000만 원과 일반인이 참가하는 토이드론 대회에 1000만 원이 지급된다.

〈기사 및 사진출처 : D1 그랑프리, 하늘을 달리는 드론, 뉴시스 2016. 07. 24)〉

2 드론의 움직임

드론의 움직임에 관하여 관찰을 하려면 속도나 방향과 같은 개념을 생각해야 한다. 이와 관련해서는 물리학에서 쓰이는 지식을 조금 알아두어야 한다. 여러 물리학의 개념 중 물체의 운동 중에서 쉽게 관찰 할 수 있는 것이 등속 직선 운동과 등가속도 운동이다. 이에 관하여 알아보도록 하자.

[자동차의 속도를 나타내는 계기판]
출처 : http://goo.gl/XQ7b6P

1) 등속 직선운동(등속도 운동)

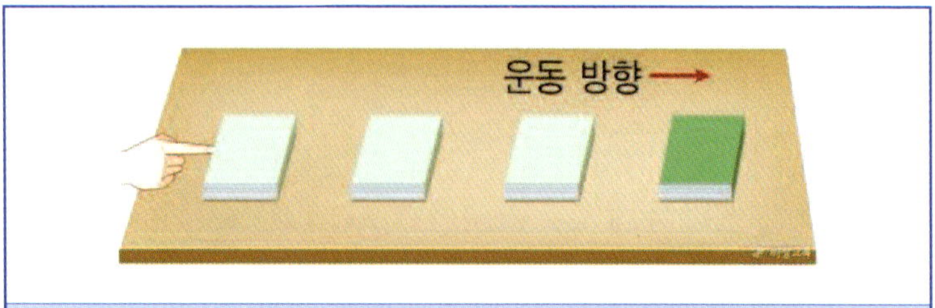

출처:http://terms.naver.com/entry.nhn?docId=3343505&cid=47338&categoryId=47338

백화점 건물의 에스컬레이터는 매번 같은 속력으로 움직인다. 이처럼 어떤 물체가 일정한 속력으로 움직일 때, 그 물체는 등속운동하고 있다고 한다. 여기서 일정한 속력이란 단위 시간동안 항상 같은 거리를 움직이는 것을 의미한다. 이때 움직이는 방향이 불규칙하게 변하더라도 속력만 일정하다면 모두 등속 운동이라 한다. 가령 연속적으로 움직이는 시계의 시침바늘은 일정한 속도로 한 시간에 한 바퀴씩을 이동하기 때문에 이 역시 등속운동이라 할 수 있다. 속력 뿐 아니라 방향도 변하지 않고 일직선으로 움직일 때는 등속직선운동을 하고 있다고 한다.

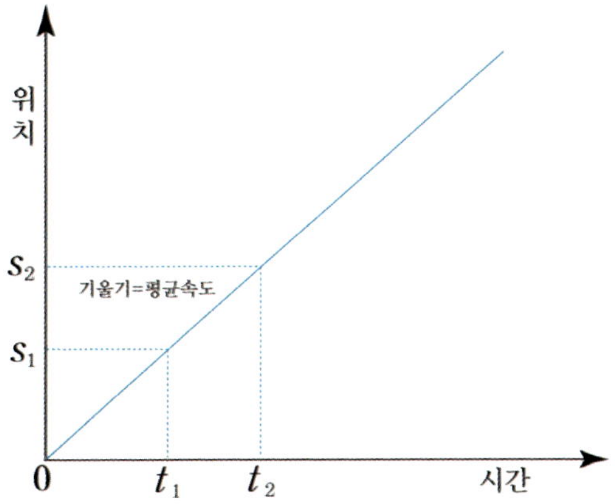

등속운동에서의 위치 – 시간 그래프

~해보세요

- 실생활에서 등속 직선운동을 하는 예로는 어떤 것이 있는지 찾아보자.
- 나는 시속 80km로 드론을 조종해서 A도시를 출발해서 2시간이 걸려 B도시에 도착했다. 내가 일정한 속도로 운전했을 때, A도시와 B도시 간의 거리는 얼마인가요?

2) 등가속도 운동

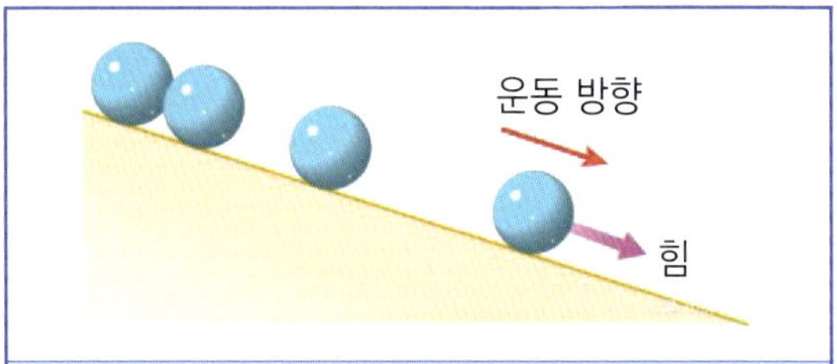

[빗면위의 등가속도 운동]
출처:http://terms.naver.com/entry.nhn?docId=3343507&cid=47338&categoryId=47338&expCategoryId=47338

2016년 리우 올림픽에서의 단연 화제 중의 하나는 우사인 볼트가 단거리 종목에서 3연속 3관왕을 차지하느냐였다. 100m 결승전에서 우사인 볼트는 처음 출발은 늦었지만 점점 더 빨리 달려가는 모습을 보였다. 이처럼 시간에 따라서 속도가 점점 더 빨라지거나 느려지는 운동을 가속도 운동이라고 한다. 가속도 운동의 경우 속도가 매순간 일정하지 않고 시각에 따라 변화한다. 따라서 속도를 시간에 관한 함수 $v(t)$로 나타낼 수 있다.

[100m 달리기는 가속도 운동의 좋은 예이다]
출처 : http://goo.gl/5Kfmjn

가속도는 시간 경과에 따른 속도 변화를 나타내는 값이다. 가속도의 단위로는 m/s^2, cm/s^2 등을 사용한다. 이러한 가속도 운동 중 변하는 정도가 일정한 경우가 있다. 이를 등가속도 운동이라고 한다.

등가속도 운동의 경우 그 명칭에서 볼 수 있듯이 시간의 변화에 따른 가속도의 값은 일정하다. 가속도와 시간의 관계를 그래프로 나타내면 아래의 [그림 1]과 같다. 그리고 속도의 변화는 시간의 변화에 비례한다. 이러한 속도와 시간의 관계를 그래프로 그리면 아래 [그림 2]와 같다.

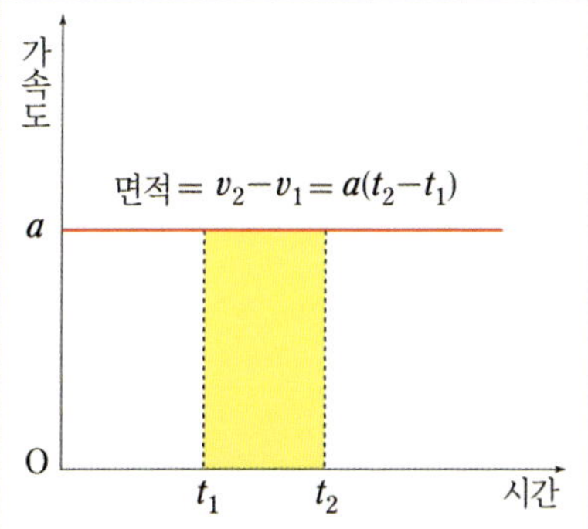

[그림 1] 가속도-시간 그래프

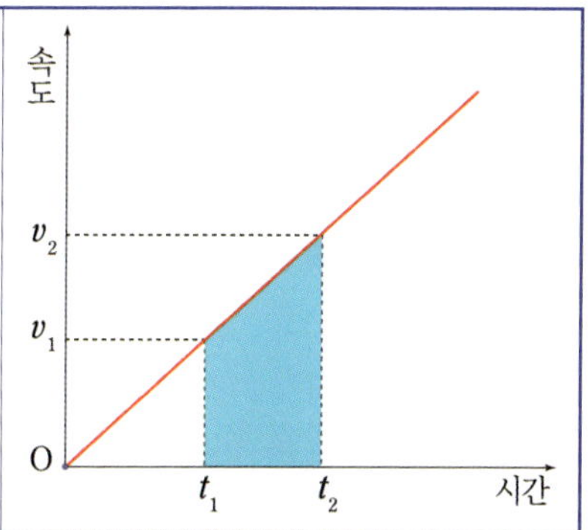

[그림 2] 속도-시간 그래프

그래프를 조금 더 살펴보자. [그림 1]의 표시된 부분의 넓이를 계산하면 시간에 따른 속도 변화의 값이 된다. 이를 식으로 나타내면 $v_2 - v_1 = a(t_2 - t_1)$이 된다. 이를 계산하여 정리하면

$$v_2 = at_2 - at_1 + v_1 \quad \cdots\cdots \text{식}(1)$$

이 된다.

처음 시각 t_1은 0, 나중 시각 t_2를 t, 처음 속도 v_1은 v_0, 나중 속도 v_2는 v라고 하자. 그리고 위의 식(1)에 이러한 조건을 대입해보자. 그러면 아래와 같은 식을 얻을 수 있다. 이 식은 시간에 따른 속도의 변화를 나타낸다. 이것이 바로 등가속도 운동에 대한 첫 번째 법칙이다.

등가속도운동에 대한 첫 번째 법칙

$$v = v_0 + at$$

(v : 나중 속도, v_0: 처음 속도, a : 가속도, t: 경과 시간)

그러면 위치변화(변위)는 경과시간과 어떠한 관계가 있을까? 이것을 얻기 위해서는 앞서 제시한 [그림 2]의 그래프를 활용하면 된다. 속도와 시간의 면적은 우리가 이미 알고 있는 것처럼 이동거리를 나타낸다. 이를 활용하여 [그림 2]의 그래프의 면적을 구해보자. [그림 2]에서 구해야 할 면적은 사다리꼴 모양이다. 그래프에 있는 정보를 바탕으로 식을 작성하면 다음과 같다.

$$\frac{1}{2}(v_2 + v_1)(t_2 - t_1) = \frac{1}{2}\{2v_2 + a(t_2 - t_1)\}(t_2 - t_1)$$

$$= \frac{1}{2}a(t_2 - t_1)^2 + v_1(t_2 - t_1) \quad \cdots\cdots \text{식(2)}$$

위 식(2)에서 처음 시각 t_1을 0, 나중의 시각 t_2를 t, 처음의 속도 v_1를

v_0, 나중의 속도 v_2를 v라고 하자. 그러면 아래와 같은 식을 얻을 수 있다. 이는 시간의 변화에 따른 변위를 나타낸다. 이것이 등가속도 운동 법칙 중 두 번째 법칙이다.

등가속도 운동 두 번째 법칙

$$s = \frac{1}{2}at^2 + v_0 t$$

(v : 나중 속도, v_0: 처음 속도, a : 가속도, t: 경과 시간)

등가속도 운동을 하고 있는 물체의 위치와 시간의 관계를 그래프로 나타내면 다음과 같다.

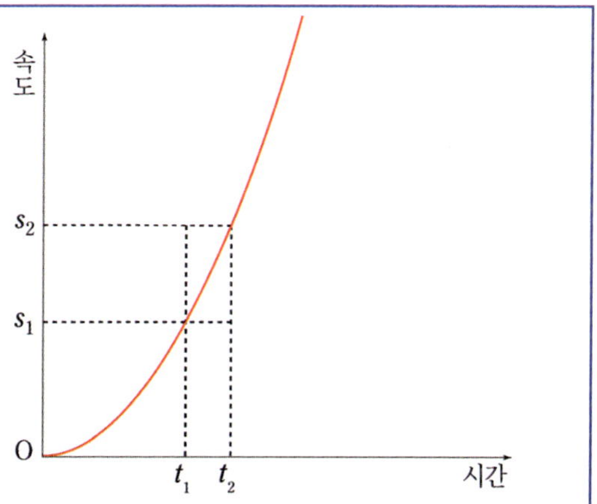

등가속도운동에서의 위치－시간 사이의 그래프

마지막 법칙을 알아보기 위해 첫 번째 관계식 $v = v_0 + at$를 가속도 a에 관하여 정리해보자. 그러면 $a = \dfrac{v - v_0}{t}$를 얻게 된다. 이를 두 번째 법칙에서 나온 식 $s = \dfrac{1}{2}at^2 + v_0 t$와 곱하면 다음과 같은 식을 얻을 수 있다. $as = \left(\dfrac{v - v_0}{t}\right)\left(\dfrac{1}{2}at^2 + v_0 t\right)$를 곱한 후에 간단히 하면 이 $v^2 - v_0^2 = 2as$와 같은 관계식을 하나 찾을 수 있다. 이 식은 속도의 변화와 변위와의 관계를 나타낸다. 이것이 등가속도 운동의 세 번째 법칙이 된다.

등가속도 운동의 세 번째 법칙

$$v^2 - v_0^2 = 2as$$

(v : 나중 속도, v_0: 처음 속도, a : 가속도, s : 이동거리)

~해보세요

- 실생활에서 등가속도로 운동을 하고 있는 물체의 예로 무엇이 있는지 찾아보세요.

- 처음에 정지 상태에서 출발한 드론이 있습니다. 이 물체는 일정한 가속도로 운동하고 3초 후에 $15m/s$의 속도로 움직이고 있다고 할 때, 이 물체의 가속도를 구하세요. 또한 이를 활용하여 운동 시작 10초 후의 변위를 알아보세요.

3 드론과 에너지

그렇다면 드론을 활용하여 에너지를 만들 수는 없을까? 그리고 드론이 지니고 있는 에너지는 어떻게 보존을 할 수 있을까? 이를 알기 위해서는 드론의 운동과 가장 관련이 있는 중력 퍼텐셜 에너지와 운동에너지에 대해서 알아야 할 필요가 있다.

[에너지는 여러 방식으로 생산된다]
출처 : http://goo.gl/C85oyA

1) 중력 퍼텐셜에너지(또는 중력 위치에너지, E_p)

질량 m인 물체가 지표면에서 h만큼 떨어진 곳에 있을 때 갖는 **중력 퍼텐셜 에너지**를 갖는다. 이 때 에너지의 크기는 $E_P = mgh$이다(여기서 g는 중력가속도). 즉, 물체가 지표면으로부터 높은 곳에 위치할수록 그리고 물체의 질량이 클수록 많은 에너지를 갖는다.

[수력발전소는 물이 떨어지면서 생기는 위치에너지를 전기에너지로 전환한다]
출처: https://goo.gl/KO55Fa

2) 운동에너지(E_K)

질량 m인 물체가 v의 속도로 운동할 때 생기는 에너지를 운동에너지라고 한다. 즉 운동에너지는 물체의 질량과 속도에 의해 변화된다. 이러한 운동에너지의 양을 $E_K = \frac{1}{2}mv^2$으로 표시한다. 즉, 물체의 속력이 변하면 물체가 지니고 있는 에너지가 변화하게 된다. 물체가 빠르게 운동할수록 더 많은 에너지를 지니게 된다. 예를 들어 한 자동차가 점점 더 빠르게 경사면을 내려온다고 해보자. 그러면 자동차의 속도가 증가할 것이다. 또한 위의 관계식에 의해 이 자동차가 가진 운동에너지도 점차 증가할 것이다.

볼링을 할 때 공을 더 빠르게 던지면 더 많은 힘을 가질 수 있다.
출처 : https://goo.gl/mE8NZy

3) 에너지 보존 법칙

과학에서의 에너지는 일을 할 수 있는 능력을 말한다. 물리학에서는 우리가 알고 있는 것과는 다르게 일(work)을 정의한다. 즉 한 물체에 일정한 힘을 작용하여 힘이 작용한 방향으로 물체가 움직이는 것을 이야기 한다. 이러한 에너지에는 여러 가지 종류가 있다. 빛에너지, 열에너지, 소리에너지, 운동에너지 등 자연계 내에서는 다양한 형태의 에너지가 존재한다.

일단 현재 상태에서 다른 에너지의 유입이 없다고 가정하자. 이 때 현재의 에너지가 다른 형태로 전환이 되지만 물체가 지니고 있는 에너지의 총합은 항상 일정하게 보존된다. 이 법칙이 바로 에너지 보존 법칙이다. 즉, 어떤 닫혀있는 계(system) 내에서는 에너지가 새로 생기거나 없어지지 않고 그 총량은 유지가 된다는 이야기이다.

[높은 곳에서 떨어뜨린 돌은 위치에너지에서 운동에너지로의 전환을 잘 보여준다]
출처 : http://goo.gl/zxY0Ei

한 가지 예를 들어 보자. 높은 아파트 옥상에서 물건을 던져본다고 생각해보자. 처음 이 물건을 던지기 전에는 정지 상태이므로 운동에너지를 갖고 있지 않다. 즉 중력 퍼텐셜 에너지만을 지니고 있다. 하지만 물건을 던졌을 때 높이가 낮아지므로 이 물건이 지닌 중력 퍼텐셜 에너지는 감소하게 된다. 하지만 물건이 떨어지면서 운동에너지가 점점 증가하게 된다. 점차 시간이 지나 물건이 지면에 닿았을 때는 높이가 0이므로 중력 퍼텐셜 에너지의 값은 0이지만 운동에너지는 최대의 값을 갖는다. 이를 그림으로 나타내면 아래와 같다. 즉 중력 퍼텐셜에너지와 운동에너지의 총합은 어느 위치에서든 항상 일정하다. 우리는 이를 역학적 에너지 보존법칙이라고 부른다.

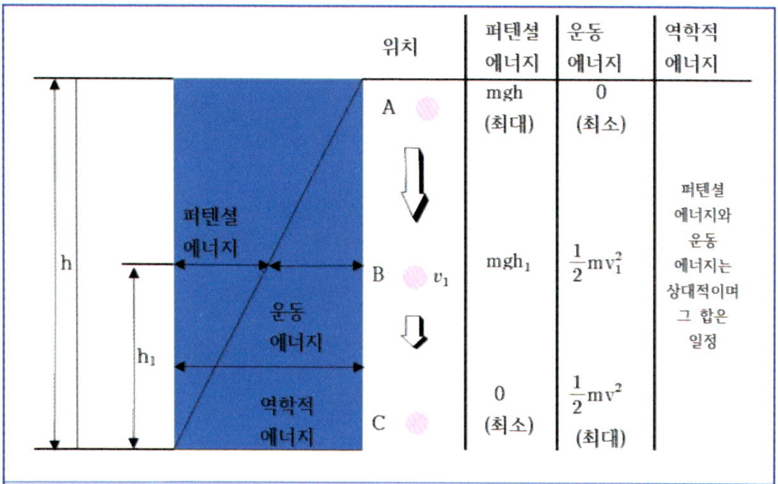

[역학적 에너지의 보존]

참고 : 위키백과(에너지 보존법칙), http://navercast.naver.com/contents.nhn?rid=20&contents_id=1419

4 두 점 사이의 거리

높은 건물을 피해 재난 현장에 구호품을 놓고 돌아와야 하는 상황에서, 드론은 얼마나 비행을 해야 할까?

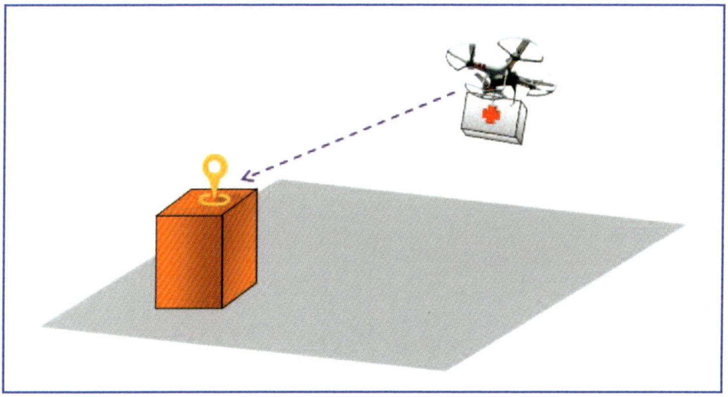

드론으로 높은 건물을 피해 목적지에 구호물자를 놓고 오려고 할 때 중요하게 고려해야 할 부분은 무엇일까? 바로 드론이 목적지까지 무사히 구호물자를 전달하고 처음 출발지점으로 돌아와야 한다는 것이다. 이와 관련된 요소 중의 하나가 드론의 비행거리이다. 아무리 기술이 발달하였다 해도 아직까지 드론이 비행하는 데는 배터리(연료)가 필요하다.

배터리의 용량은 한정되어 있으므로 목적지까지의 거리를 정확하게 계산할 수 있어야 남은 배터리로 드론이 갔다가 무사히 돌아올 수 있을지 판단할 수 있게 된다.

좌표공간에서의 두 점의 거리를 구하는 방법을 안다면 드론이 얼마나 비행해야 하는지를 알아볼 수 있다. 좌표공간에서 두 점 사이의 거리를 알아보기 위해서는 먼저 수직선 위의 두 점 사이의 거리, 평면위의 두 점 사이의 거리부터 알아보자.

| 참고 |

수학에 좌표의 생각을 도입한 것은 프랑스의 철학자이자 수학자인 데카르트(Descartes, R. : 1596~1650)이다. 데카르트는 좌표를 써서 도형의 성질을 대수적 수법에 의해서 즉, 계산에 의해서 알아보는 방법을 제시하였다. 이것은 오늘날 "해석기하학"의 방법으로 불리는데 도형의 성질을 연구하기 위한 가장 기본적인 수단이 되었다. 드론의 목적지까지의 거리를 구하기 위해서는 좌표공간에서 두 점 사이의 거리를 구하는 방법을 이용할 수 있다.

1) 수직선상의 두 점 $A(x_1)$, $B(x_2)$사이의 거리

먼저 '1차원'의 경우를 생각해 보면, 수직선상에 두 점 $A(x_1)$, $B(x_2)$이 주어졌을 때, A, B사이의 거리는 $x_2 > x_1$이면 $\overline{AB} = x_2 - x_1$이고, $x_1 > x_2$이면 $\overline{AB} = x_1 - x_2$이다.

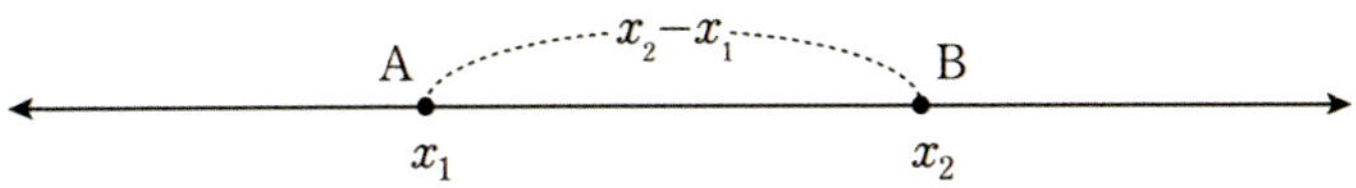

이를 정리해서 절댓값의 기호를 사용하여 나타내면

$\overline{AB}=|x_1-x_2|=|x_2-x_1|$로 쓸 수가 있다.

예를 들어

A(-5), B(20) 이면, $\overline{AB}=|20-(-5)|=25$

A(3), B(-12) 이면 $\overline{AB}=|-12-3|=15$ 이다.

2) 평면 위의 두 점 P(x_1, y_1), Q(x_2, y_2) 사이의 거리

다음은 '2차원'의 경우를 생각해 보면 두 점 P(x_1, y_1), Q(x_2, y_2)에 대하여, 그 사이의 거리를 구해 보자.

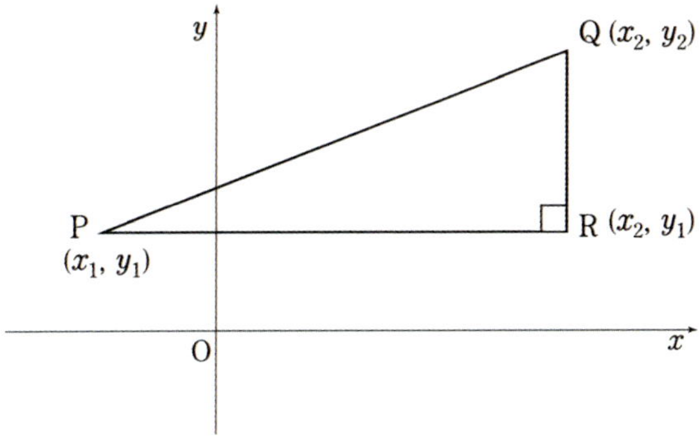

그림과 같이 직각삼각형 PQR을 만들면

$\overline{PR} = x_2 - x_1$, 이고 $\overline{QR} = y_2 - y_1$ 이 된다.

피타고라스 정리를 사용하면 $\overline{PQ}^2 = \overline{PR}^2 + \overline{QR}^2$ 이므로

> 평면 위의 두 점 $P(x_1, y_1)$, $Q(x_2, y_2)$ 사이의 거리는
>
> $$\overline{PQ} = \sqrt{(x_2 - x_1)^2 + (y_2 - y_1)^2}$$

이것이 평면상에서 두 점사이의 거리를 구하는 공식이다.

예를 들어, 두 점 $A(-5, 3)$, $B(2, 5)$ 이면, 두 점사이의 거리

$\overline{AB} = \sqrt{(2-(-5)^2 + (5-3)^2} = \sqrt{49+4} = \sqrt{53}$ 이다.

3) 공간의 두 점 $A(x_1, y_1, z_1)$, $B(x_2, y_2, z_2)$ 사이의 거리

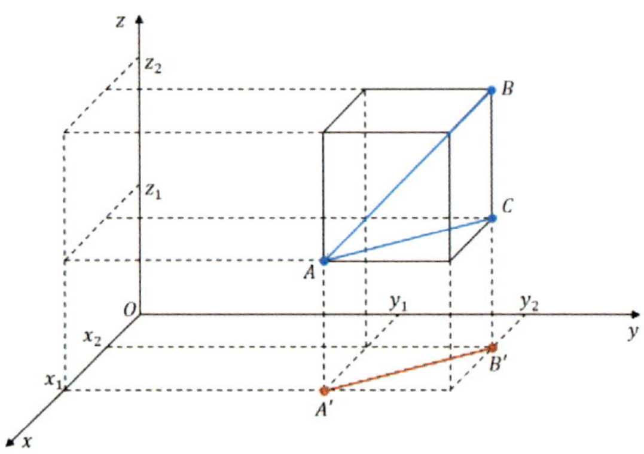

위 그림과 같이 좌표공간의 두 점 A, B에서 xy평면에 내린 수선의 발을 각각 A', B'이라고 하면 그 좌표는 $\mathrm{A}'(x_1, y_1, 0)$, $\mathrm{B}'(x_2, y_2, 0)$이다.

또, 점 A에서 선분 BB′에 내린 수선의 발을 C라고 하자.

그 좌표는 $\mathrm{C}(x_2, y_2, z_1)$이 되고,

$\overline{\mathrm{AC}} = \overline{\mathrm{A'B'}} = \sqrt{(x_2 - x_1)^2 + (y_2 - y_1)^2}$ 이고, $\overline{\mathrm{BC}} = |z_2 - z_1|$이다.

이때, 삼각형 ABC는 직각삼각형이므로 피타고라스 정리에 의하여 정리하면 $\overline{\mathrm{AB}}^2 = \overline{\mathrm{AC}}^2 + \overline{\mathrm{BC}}^2 = (x_2 - x_1)^2 + (y_2 - y_1)^2 + (z_2 - z_1)^2$ 이다.

따라서 $\overline{\mathrm{AB}} = \sqrt{(x_2 - x_1)^2 + (y_2 - y_1)^2 + (z_2 - z_1)^2}$ 이다.

특히, 원점 O와 점 $\mathrm{P}(x, y, z)$ 사이의 거리는 $\overline{\mathrm{OP}} = \sqrt{x^2 + y^2 + z^2}$ 이다. 이상을 정리하면 다음과 같다.

> **좌표공간에서 두 점 사이의 거리**
>
> 두 점 $\mathrm{A}(x_1, y_1, z_1)$, $\mathrm{B}(x_2, y_2, z_2)$사이의 거리는
>
> $$\overline{\mathrm{AB}} = \sqrt{(x_2 - x_1)^2 + (y_2 - y_1)^2 + (z_2 - z_1)^2}$$
>
> 특히, 원점 O와 점 $\mathrm{P}(x, y, z)$ 사이의 거리는
>
> $$\overline{\mathrm{OP}} = \sqrt{x^2 + y^2 + z^2}$$

~해보세요

• 목적지와 드론 사이의 거리 구하기

아래 그림은 드론과 목적지까지의 거리를 좌표공간으로 나타낸 것입니다.

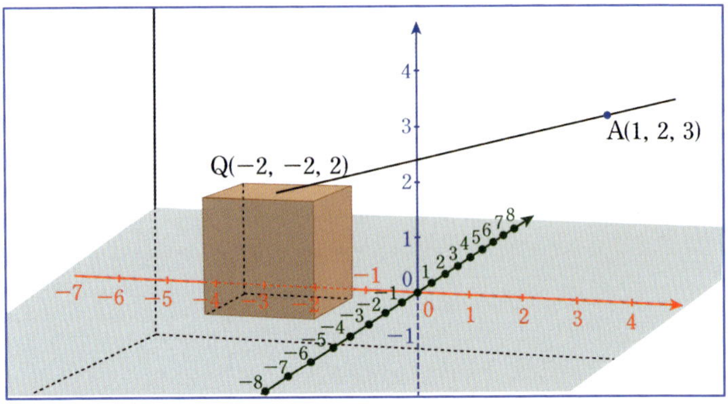

내가 선물을 전달하고자하는 목적지는 높이가 $20m$인 건물의 옥상이며, 그 목적지를 좌표로 표현하면 $Q(-2, -2, 2)$입니다. 드론이 지점 A에 위치했을 때, 목적지까지 도달하는 데 남은 거리는 얼마일까요?

~해보세요

드론의 위치가 변하면 남은 거리는 어떻게 변할까?

드론의 현재 위치를 $\mathrm{P}(x, y, z)$, 목적지의 좌표를 $\mathrm{Q}(-2, -2, 2)$라고 하면, 선물을 전달할 목적지까지 남은 거리는 어떻게 될지 구해 봅시다.

5 드론의 경로

만약 드론이 장애물을 피해서 목적지로 가야한다면 어떻게 해야 할까? 이러한 경우에는 직선으로 날아가는 것보다는 곡선으로 날아가는 것이 훨씬 더 안정적이며 효과적일 것이다. 이 때 활용할 수 있는 수학적인 원리가 바로 포물선이다. 포물선에 대해서 알아보자.

1) 드론의 경로 표현 – 포물선

포물선을 학습한 후에 실제로 드론의 경로에 포물선을 적용시킬 수 있는지 알아보자.

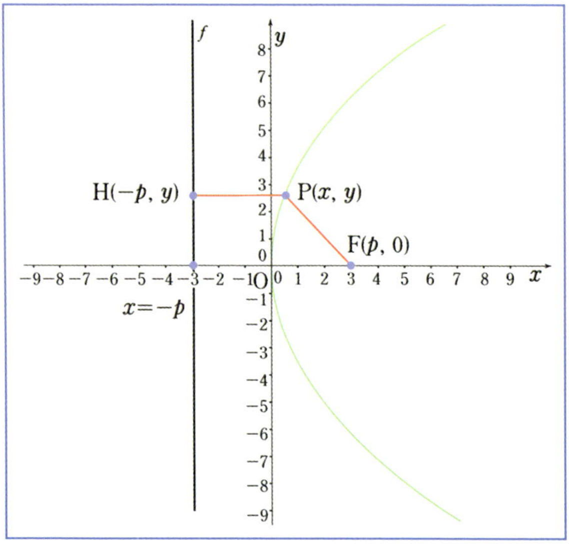

위의 그림에서 보는 바와 같이 평면 위의 한 정점 F와 이 점을 지나지 않는 직선 l이 있다고 하자. 이 때 한 정점 F와 직선 l에서의 거리가 같은 점들의 집합을 포물선이라고 한다. 이때, 한 정점 F를 포물선의 초점이라고 하며 직선 l을 포물선의 준선이라고 한다. 또한 포물선의 초점을 지나며 준선에는 수직인 직선을 포물선의 축이라고 한다. 마지막으로 축과 포물선의 교점을 포물선의 꼭짓점이라고 한다.

좌표평면에서 실수 $p(\neq 0)$에 대해 한 정점 $\mathrm{F}(p, 0)$을 초점으로 하고, 이를 지나지 않는 직선 $x=-p$를 준선으로 하는 포물선의 방정식을 계산하여 구해 보자.

포물선 위의 점 $\mathrm{P}(x, y)$에서 준선에 내린 수선의 발을 H라고 하면 포물선의 정의에서 $\overline{\mathrm{PF}}=\overline{\mathrm{PH}}$이다. 이때, 점 H의 좌표는 $\mathrm{H}(-p, y)$이므로 $\sqrt{(x-p)^2+y^2}=|x+p|$이다.

이 식을 계산하면

$$(x-p)^2+y^2=(x+p)^2$$
$$x^2-2px+p^2+y^2=x^2+2px+p^2$$
$$y^2=4px$$

이 된다.

위의 계산결과를 정리하면 다음과 같다.

> 포물선의 방정식
>
> $F(p,\ 0)$을 초점으로 하고 직선 $x=-p$를 준선으로 갖는 포물선의 방정식은
>
> $$y^2 = 4px \quad (\text{단, } p \neq 0)$$

포물선 $y^2 = 4px$의 그래프는 p의 부호에 따라 다음과 같은 두 가지의 형태가 가능하다.

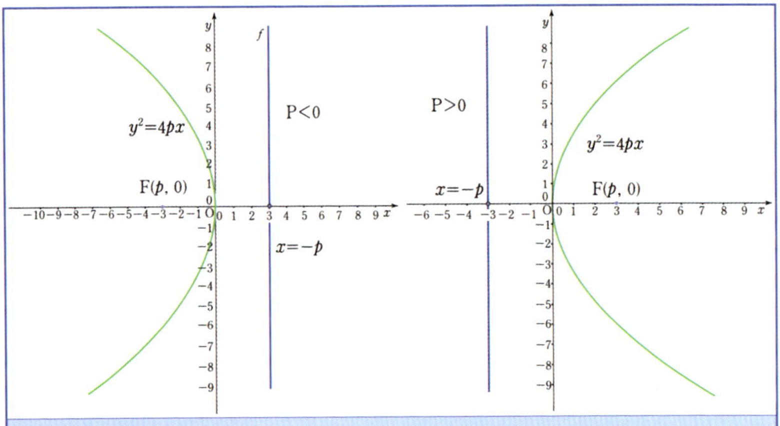

(P<0 일 때) (P>0 일 때)

~해보세요

- 드론을 날릴 때에는 다른 여러 가지 장애물을 피해서 움직이게 하는 '충돌 회피기술'이라는 것이 적용이 됩니다. 드론의 충돌 회피 기술에 대한 동영상을 찾아서 시청해보고 이 충돌회피 기술을 활용할 수 있는 분야에는 무엇이 있는지 이야기해봅시다.
- 우리는 앞서 드론의 경로가 곡선일 때 포물선의 경로를 따른다고 이야기 했습니다. 아래의 그림을 보고 드론이 장애물을 피해서 목적지에 이를 때 어떠한 포물선의 경로를 따르는지 계산하여 검증해 봅시다.

CHAPTER

03

파손된 드론 복구하기

1. 드론의 안정성
2. 무게중심 구하기
3. 도형의 넓이 구하기

• 드론이 위급해! •

친구들과 함께 영화를 보고 집으로 오던 중 우연히 버스에서 라디오 뉴스를 듣게 되었다. 우리나라의 한 지역에서 홍수가 났는데 홍수로 인해 도로가 유실되어 구호물자를 운송하는 데에 어려움을 겪고 있다는 것이다. 또한 이를 돕기 위해 전국에서 여러 가지 방법이 동원이 되어 구호물자를 나르고 있다는 소식도 알게 되었다.

이러한 소식을 들은 나는 드론으로 이 상황을 돕기로 했다. 마침 방학이기도 하여 바로 행동으로 옮기기로 결심했다. 드론을 가지고 있는 친구들에게 함께 그곳으로 봉사활동을 가면 어떻겠냐고 하니까 친구들도 흔쾌히 참여 하겠다 하였다. 다음 날 바로 우리가 가지고 있는 드론을 가지고 홍수가 일어난 곳으로 향했다. 버스를 타고 가는 동안 드론을 어떻게 활용하는 것이 효율적인지에 대한 이야기를 하다 보니 금세 봉사활동을 하는 곳에 도착을 했다.

이미 많은 사람들이 홍수 피해가 난 지역으로 구호물자를 직접 운반하려고 준비하고 있었다. 우리는 드론을 이용하여 꼭 필요한 비상약품을 먼저 전달하면 좋겠다고 재난 상황실에 말씀을 드렸다. 처음에는 그분들이 그리 탐탁지 않게 여기는 눈빛이었다. 하지만 지금으로서는 특별한 방법이 없고 사람이 직접 가지고 가기에는 많은 시간이 걸리니까 우선 급한 비상약품을 드론을 이용하여 전달하도록 허락을 해주셨다. 우리는 준비해간 드론에 비상약품을 매달아

운반하기 시작했다. 짧은 시간에 비상약품이 배달되는 것을 본 후, 처음에는 반신반의했던 재난 상황실의 어른들도 이제는 드론을 이용하여 전달하는 방식에 찬사를 보냈다.

그런데 몇 번 진행하던 드론에 문제가 발생하였다. 드론의 한 쪽 모서리가 파손된 것이었다. 한 쪽 모서리가 파손이 되니 원래 위치에 구호물자를 매달 수 없었다. 새롭게 무게중심을 찾아 물건을 매달아야 하는데 우리는 어떻게 해야 할지 몰라 당황하였다. 참 난감한 상황이다.

1 드론의 안정성

드론과 같이 움직이는 물체는 어떻게 안정된 자세를 유지할 수 있을까? 이와 관련된 물리학의 개념이 바로 역학적 평형이다. 이에 관하여 알아보도록 하자.

1) 역학적 평형과 드론의 안정성(힘의 평형)

역학적 평형에는 두 가지 종류가 있다. 첫 번째로는 힘의 평형이다. 힘의 평형이란 어떠한 물체에 작용하는 모든 힘의 합력(알짜힘)이 0이어야 한다. 또 한 가지는 돌림힘의 평형이다. 여기서 돌림힘은 물체가 회전운동을 할 수 있도록 하는 힘을 이야기 한다. 힘의 평형과 마찬가지로 어떠한 물체에 작용하고 있는 모든 돌림힘들의 합이 0이 되면 역학적 평형을 이루었다고 한다.

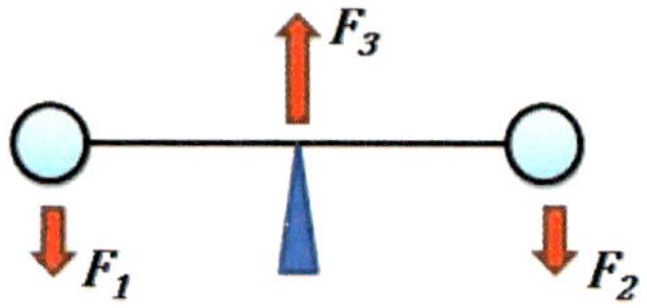

이를 조금 더 자세히 살펴보자. 위의 그림에서 볼 수 있듯이 두 개의 공을 가벼운 막대에 연결시켰다고 하자.(막대의 길이 및 질량은 운동에 영향을 주지

못한다.) 이 후 막대의 정중앙에 받침대를 놓아두자. 그렇다면 모든 물체가 균형을 이룰 것이다. 즉 다른 말로 이야기하면 모든 물체가 정지한 상태로 있다는 것이다. 따라서 위 그림의 모든 물체의 합력(알짜힘)

$\sum F = F_1 + F_2 - F_3 = 0$이다.

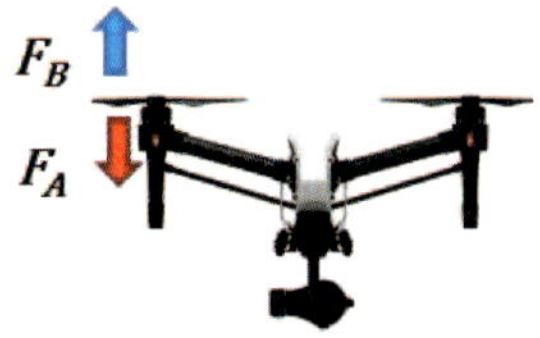

이러한 원리를 드론에 적용해 보자. 드론이 운동할 때는 떠있는 상태이기 때문에 방금 전 상황처럼 받침점을 생각할 수 없다. 하지만 드론이 공중에서 떠있을 수 있는 것은 힘의 평형 때문이다.

즉 여러 프로펠러가 회전을 하여 공기를 아래로 밀어낸다. 반면 공기는 드론을 위로 들어 올리는 힘을 드론에 작용시키고 있다. 즉 위의 그림처럼 2개의 프로펠러가 공기를 드론 아래로 밀어내는 힘(F_A)과 공기가 2개의 프로펠러(드론)를 위로 들어 올리는 힘(F_B)은 같다. 즉 드론에 작용하는 모든 힘의 합, 알짜힘이 0이 되어 드론이 떠있을 수 있는 것이다.

2) 역학적 평형과 드론의 안정성(돌림힘의 평형)

앞 부분에서 역학적 평형 중 힘의 평형에 대해 알아보았다. 이제 돌림힘의 평형에 대해 알아보자.

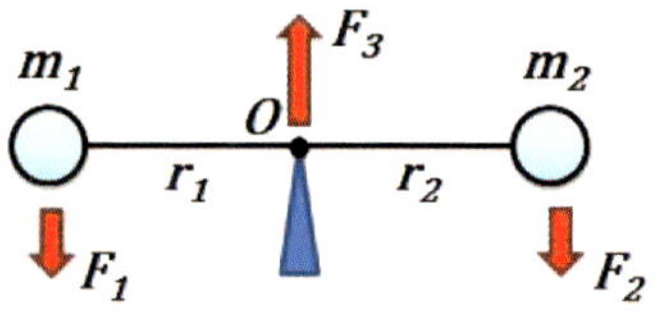

돌림힘(τ: 토크)은 어떤 물체가 회전운동을 할 수 있도록 하는 힘이다. 위의 그림처럼 O점을 기준으로 하자. 물체 m_1에는 F_1이란 힘이 작용하여 물체를 반시계 방향으로 회전시킨다. 반면 물체 m_2에는 F_2이란 힘이 작용하여 물체를 시계 방향으로 회전시킨다.

돌림힘의 크기는 기준점에서의 거리와 작용한 힘의 곱으로 표현된다. 즉 $\tau_1 = r_1 \times F_1$와 같이 표현할 수 있다.(참고로 $\tau_2 = -r_2 \times F_2$이다)[3] 두 공이 연결된 물체를 생각해보자. 이 때 두 힘 F_1과 F_2는 물체를 회전시키는 것에 그 힘을 발휘한다. 하지만 F_3는 아무리 크더라도 물체를 회전시키지는 않는다. 이는 F_3는 O점을 기준으로 떨어진 거리가 0이기 때문이다.

위의 경우처럼 돌림힘이 평형을 이루고 있다고 하자. $\sum\tau = \tau_1 + \tau_2 = r_1 \times F_1 - (r_2 \times F_2) = 0$을 만족한다. 즉 $r_1 \times F_1 = r_2 \times F_2$이다. 다시 말하자면 두 공이 중심으로부터 같은 거리만큼 떨어져 있다면($r_1 = r_2$) 두 공에 작용하는 힘도 같다는 것이다.($F_1 = F_2$)

3) (물리학에서는 돌림힘에서 반시계 방향을 +부호로, 시계방향을−부호를 사용한다).

이러한 상황을 드론에도 적용시킬 수 있다. 논의를 단순화하기 위해 프로펠러가 두 개 달린 드론을 생각해보자. 드론이 돌림힘의 평형을 유지하려면 각 프로펠러에 작용하는 힘, F_1과 F_2의 크기가 같아야 한다.

3) 드론의 센서와 역학적 평형

드론을 움직이기 위해서는 다양한 과학기술이 필요하다. 그 중에서도 가장 중요한 기술이 센서를 장착하는 일이다. 드론에는 여러 가지 센서를 부착하여 거리를 측정하거나 경로를 설정한다. 또한 비행시 균형을 유지시킬 수 있는 가속도 센서와 자이로센서도 있다.

드론에 장착된 여러 가지 센서 중에 자이로센서라는 센서가 있다. 이 자이로센서는 돌림힘의 평형과 관련이 깊다. 앞서 살펴본 것처럼 드론이 돌림힘의 평형을 유지하면 드론의 특정 부분으로만 힘이 작용하게 된다. 따라서 드론은 특정한 방향으로만 돌게 된다. 이러한 경우를 자이로센서가 탐지하여 평형을 맞추는 것이다. 이 자이로센서 때문에 드론은 역학적 평형 상태를 유지하며 안정적으로 비행할 수 있는 것이다.

각종 센서 및 모터 (사진=패럿)
출처 : http://www.it.co.kr/news/article.html?no=2808565

4) 드론의 프로펠러에 작용하는 작용 · 반작용의 법칙

드론이 안정적으로 비행을 할 수 있는 것은 드론에 달린 프로펠러가 공기를 아래쪽으로 밀어내는 힘의 크기만큼 공기 역시 같은 크기의 힘으로 프로펠러를 들어올리기 때문이다. 우리는 이것을 '뉴턴 운동의 제3법칙, 작용 · 반작용의 법칙'이라고 부른다. 그렇다면 정확히 작용 · 반작용의 법칙은 무엇일까? 자연계 내에 존재하는 힘은 대부분 쌍으로 존재한다. 즉 거의 대부분의 힘은 상호작용을 하고 있다는 것이다.

즉, 물체 A가 물체 B에 힘($\vec{F}_{A \to B}$)을 가하면, 물체 B 역시 물체 A에 크기는 같고 방향은 반대인 힘($\vec{F}_{B \to A}$)을 작용한다. 이 때, 두 물체 A와 B

사이에 서로 작용하는 두 힘 사이의 관계는 다음과 같다.

$$\vec{F}_{A\to B} = -\vec{F}_{B\to A}, \quad |\vec{F}_{A\to B}| = |\vec{F}_{B\to A}|$$

Q) 실생활에서 볼 수 있는 작용 · 반작용의 법칙의 예를 조사해 보자.

5) 드론과 무게 중심 – 과학적 관점에서

드론의 힘의 평형에 대해서 공부를 하던 중 드론에 물체를 매달면 어떠한 일이 생길지 궁금해졌다. 일단은 물체를 매달아서 드론의 평형 상태가 깨질 것 같다. 이와 관련하여 과학 선생님에게 질문을 해보았는데 '무게 중심'과 관련이 있다고 하셨다. 즉 매달하야 하는 물체의 무게(질량)와 위치에 따라 무게중심(질량중심)이 달라진다고도 이야기해 주셨다.[4)]

4) 지표 근처에서 물체의 각 부분에 작용하는 중력은 거의 동일하므로 이 절에서는 무게중심과 질량중심에 관한 이야기를 질량중심이란 용어로 통일하고자 한다.

2 무게중심 이야기

1) 선분 위의 무게중심 이야기(지렛대의 원리)

드론에 구호물품을 실어 보내야 하는 상황을 생각해보자. 드론의 어느 부분에 물체를 매달아야 앞에서 배운 역학적 평형을 유지할 수 있을까? 이와 관련된 개념이 바로 무게 중심이다. 이 무게 중심을 알아보기 위해서 가장 낮은 차원에서부터 무게 중심을 알아보자.

선분위의 무게중심은 지렛대의 원리와 관계가 있다. 지렛대의 원리가 무엇인가? 지레는 막대를 이용하여 힘을 전달하는 도구이며, 지렛대라고 불리기도 한다. 막대를 받치고 있는 지점을 "받침점", 힘을 가하는 지점을 "힘점", 지레가 움직여 물체에 힘이 작용하는 지점을 "작용점"이라 한다.

지레는 받침점을 중심으로 힘점과 작용점에 발생하는 돌림힘을 이용하는 도구이다. 돌림힘의 크기는 작용하는 힘의 크기와 회전 작용이 일어나는 거리의 곱이므로,

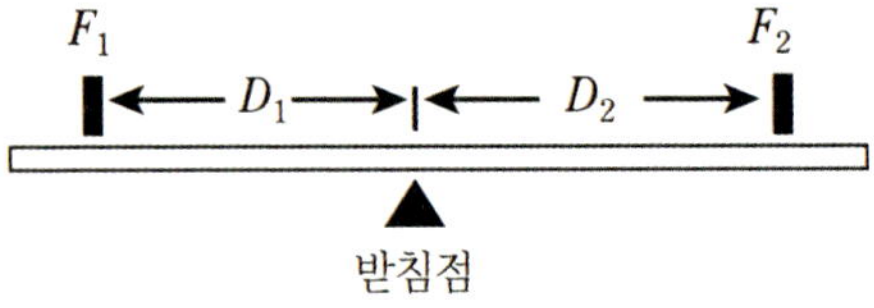

위 지레 그림에서 $F_1D_1 = F_2D_2$가 된다. 이 지렛대의 원리를 이용하여 막대위의 두 물체사이의 무게중심을 찾아보자

질량이 m_1, m_2인 물체가 기준점(받침대)으로부터 거리가 d_1, d_2로 떨어져 있다고 하자. 이 때 $m_1d_1 = m_2d_2$가 성립한다면 막대는 수평을 유지하게 된다. 아래 그림처럼 질량이 1과 3인 물체가 기준점(받침대)으로부터 떨어진 거리가 3과 1이면 두 물체는 수평을 유지하게 된다.

Q) 아래의 그림처럼 질량이 2인 물체를 질량이 3인 물체와 수평을 이루게 하고 싶다. 이 두 물체가 수평을 이루기 위해 어떻게 배치해야 하는지 생각해 보자.

이제 조금 더 논의를 확장시켜보자. 아래 그림처럼 막대기가 x축을 따라 놓여 있다고 생각해 보자.

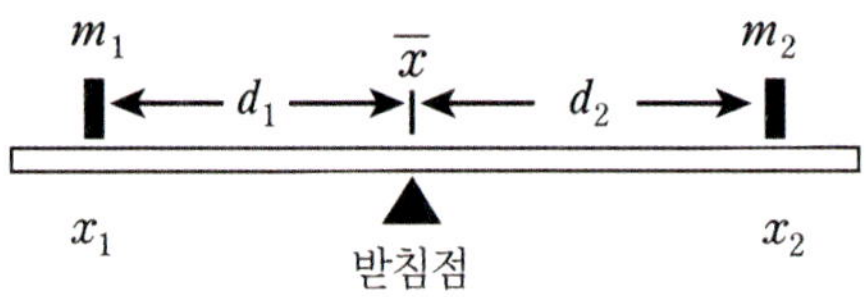

x축 상의 한 지점 x_1에서 질량 m_1을 갖고, 다른 지점 x_2에서 질량 m_2를 갖는다고 하자. 또한 물체는 $\bar{x}$에서 평형을 이룬다고 하자.

$d_1 = \bar{x} - x_1$, $d_2 = x_2 - \bar{x}$ 이고, $m_1(\bar{x} - x_1) = m_2(x_2 - \bar{x})$가 된다. 이를 풀어서 정리하면

$$m_1\bar{x} + m_2\bar{x} = m_1x_1 + m_2x_2,$$
$$(m_1 + m_2)\bar{x} = m_1x_1 + m_2x_2$$

이를 $\bar{x}$에 대해서 정리하면

$\bar{x} = \dfrac{m_1x_1 + m_2x_2}{m_1 + m_2}$를 얻는다.

이 때 m_1x_1과 m_2x_2를 각각 m_1과 m_2의 원점으로부터 모멘트(moment)라고 한다. 과학에서 모멘트는 물리량과 거리의 곱($\mu = r^nQ$)을 뜻한다. 모멘트의 예로는 관성모멘트, 쌍극자 모멘트(dipole moment) 등이 있다. 이 절에서는 모멘트를 질량과 거리의 곱으로 정의하기로 한다.

Q) 드론에 물체를 매달려고 한다. 이 때 평형을 유지하기 위해서는 드론의 어느 부분에 물체를 매달아야 하는가? 위치를 설정하고 그 이유를 설명하여라.

2) 평면의 무게중심 이야기

물체의 어떤 곳을 매달거나 받쳤을 때 수평으로 균형을 이루는 점이 있다. 그 점을 '무게 중심'이라고 한다. 무게 중심은 양쪽의 무게가 같아지는 지점이 아니라 양쪽이 균형을 이루는 점이라는 표현이 더 정확하다. 무게 중심을 받치면 우리는 물체 전체를 떠받칠 수 있다.

| 참고자료 |

이탈리아의 해안지역에 위치한 도시 피사에는 1174년에 무슨 일이 일어났을까? 세계의 건물들 중에서 신기한 것 중 하나로 꼽히는 '피사의 사탑'이 건축되기 시작하였다. 하지만 피사의 사탑은 1층이 완성이 되자마자 기울기 시작했다. 그 이유가 무엇이었을까? 그 비밀은 탑이 지어진 장소에 있다. 탑이 지어진 장소는 해안지대의 모래 및 점토로 이루어져 있었다. 따라서 그 모래와 점토층이 탑의 무게를 이겨내지 못하여 가라앉았다. 이런 우여곡절 속에서 다시 건축을 시작하여 마침내 1360년 완공되었다. 하지만 이 탑은 지금도 매년 남쪽으로 1mm씩 기울고 있다. 이러한 상황에도 불구하고 탑이 쓰러지지 않고 잘 서있는 이유는 탑의 무게 중심 때문이다.

> 어떠한 물체의 무게 중심이 받침면 위에 위치한다면 그 물체는 넘어지지 않는다. 하지만 물체의 무게 중심이 받침면을 벗어나 다른 곳에 위치하면 물체는 중심을 잃고 넘어지고 만다. 따라서 피사의 사탑의 무게중심의 연장선이 사탑을 바치고 있는 받침면을 벗어나게 된다면 탑은 결국 쓰러지고 말 것이다.

드론 역시 촬영을 하거나 물건을 실어 나를 때 평형을 유지하는 것은 매우 중요하다. 드론의 평형감각을 유지하기 위해서는 무게중심을 찾아 자이로 센서를 장착하거나 배터리의 위치로 균형을 잡아주는데 균형이 맞지 않을 경우 특정 방향의 모터가 과부하를 받을 수 있기 때문에 전체적인 성능에 악영향을 미치게 된다.

그만큼 드론에서도 균형을 잡는 것이 중요하다. 드론의 무게중심을 찾기 위해서 먼저 평면도형인 삼각형의 무게중심부터 이야기하고, 삼각형의 무게중심을 알아가기 위해서는 삼각형의 중선부터 알아보자.

- 삼각형의 세 중선

삼각형의 중선은 한 꼭짓점과 그 대변의 중점을 연결한 선을 말한다.

즉, $\overline{AF}=\overline{BF}$, $\overline{BD}=\overline{CD}$, $\overline{AE}=\overline{CE}$일 때 세 점 D, E, F는 중점이 된다. 삼각형은 꼭짓점이 세 개니까 중선이 $\overline{AD}$, $\overline{BE}$, $\overline{CF}$ 세 개가 있다.

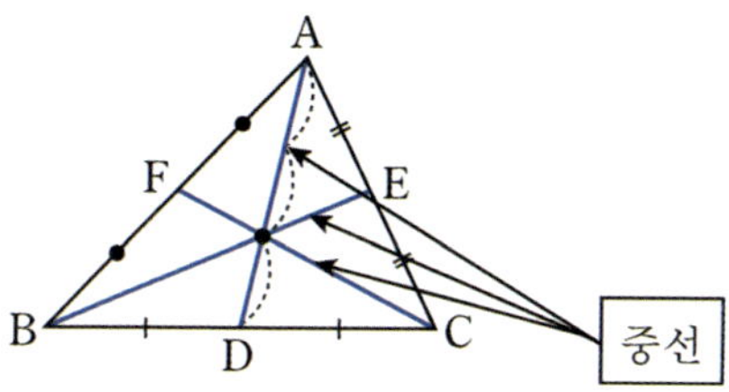

- 삼각형의 세 중선은 어떤 관계가 있을까?

오른쪽 그림과 같이 삼각형ABC의 세 중선 $\overline{AD}$, $\overline{BE}$, $\overline{CF}$의 교점을 G라고 할 때,

$\triangle ABC$와 $\triangle EDC$에서

$\overline{CB}:\overline{CD}=\overline{CA}:\overline{CE}=2:1$이고 $\angle C$는 공통인 각이므로 $\triangle ABC \propto \triangle EDC$이다.

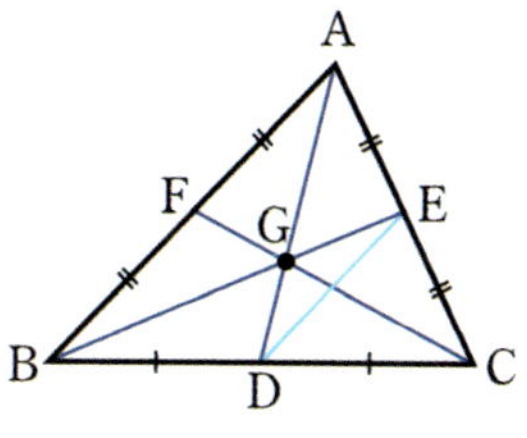

$\angle BAC=\angle DEC$이므로 $\overline{AB}//\overline{ED}$이고 $\overline{AB}:\overline{ED}=2:1$이다.

따라서 $\triangle GAB \propto \triangle GDE$이고, 그 닮음비는 $2:1$이므로

$\overline{AG}:\overline{GD}=\overline{BG}:\overline{GE}=2:1$ 임을 알 수 있다.

삼각형의 무게중심

삼각형의 무게중심은 세 개의 중선이 교차하는 점이며 어떤 도형의 각 부분이 같은 무게를 가졌다고 가정할 때 무게의 중심에 위치하는 점이라고도 한다. 삼각형의 무게중심은 각 중선의 길이를 꼭짓점으로부터 2 : 1로 내분하는 점에 위치한다.

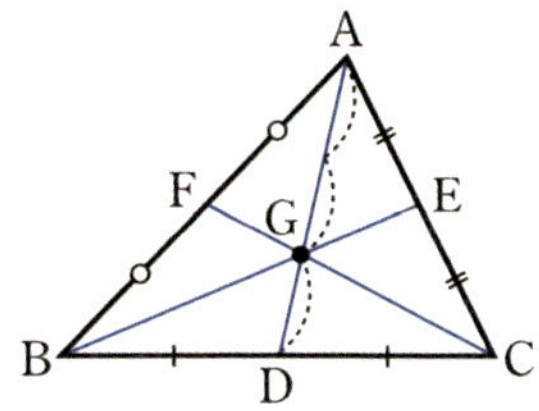

내분점, 외분점은 뭘까?

- 내분점 · 외분점

먼저 내분점 · 외분점에 대하여 알아봅시다.

일반적으로 선분 AB위에 C가 있고, 점 C가 선분 AB를 $m : n$ $(m > 0, n > 0)$으로 내분할 때 $\overline{AC} : \overline{CB} = m : n$ 이 성립한다.

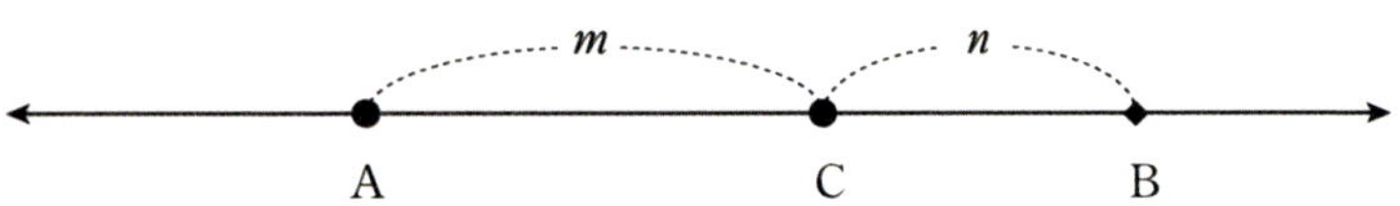

또 선분 AB의 연장선 상에 점 D가 있고 $\overline{AD} : \overline{DB} = m : n (m > n)$ 이 성립할 때, 점 D는 선분 AB를 $m : n$으로 외분한다고 한다.

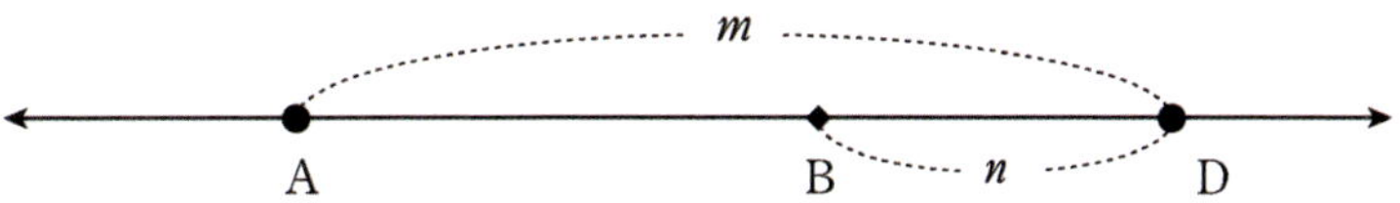

예를 들면, A(2), B(6)을 3 : 1로 내분하는 점 P

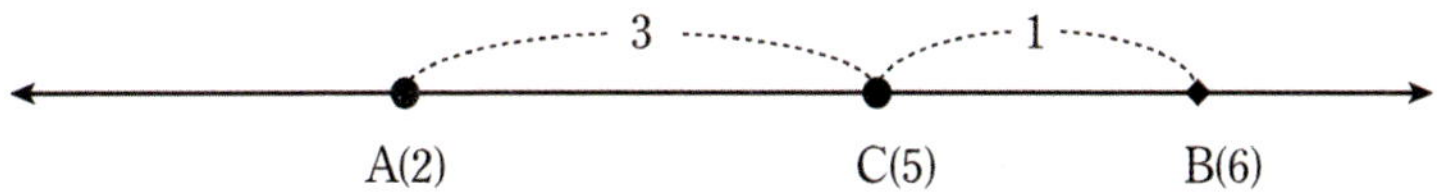

A(2), B(6)을 3 : 2로 외분하는 점 Q를 그림과 같이 나타낼 수 있다.

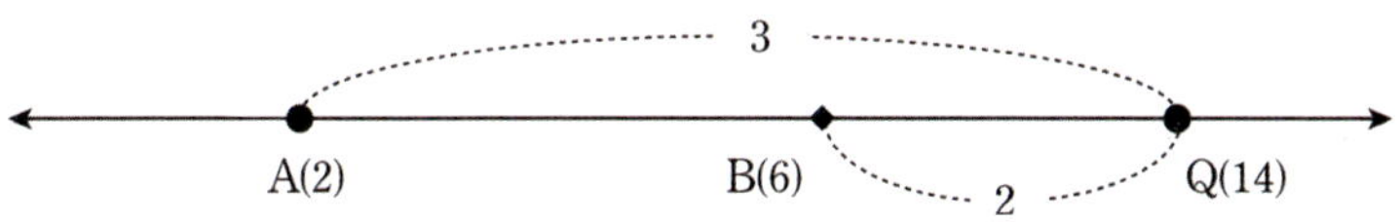

일반적으로 수직선상의 두 점 A(a), B(b)에 대하여 선분 AB를 $m:n$로 내분하는 점 C의 좌표 c를 구해 봅시다.

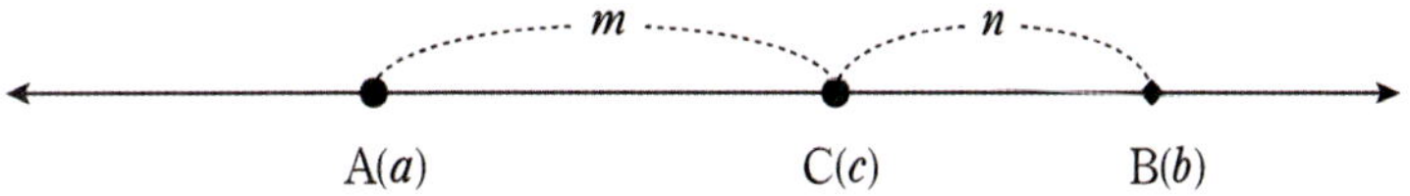

$a < b$라고 하면 $a < c < b$이며

$\overline{\mathrm{AC}} = c - a$, $\overline{\mathrm{CB}} = b - c$

$\overline{AC} : \overline{CB} = m : n$ 이므로, $(c-a) : (b-c) = m : n$이다.

따라서 $m(b-c) = n(c-a)$

$(m+n)c = mb + na$

그러므로 $c = \dfrac{mb+na}{m+n}$

특히, 선분 AB의 중점을 M이라고 하면 M은 선분 AB를 $1:1$로 내분하는 점이므로 $\mathrm{M} = \dfrac{a+b}{2}$가 된다.

다음에는 선분 AB를 $m:n$로 외분하는 점 D의 좌표 d를 구해 보자.

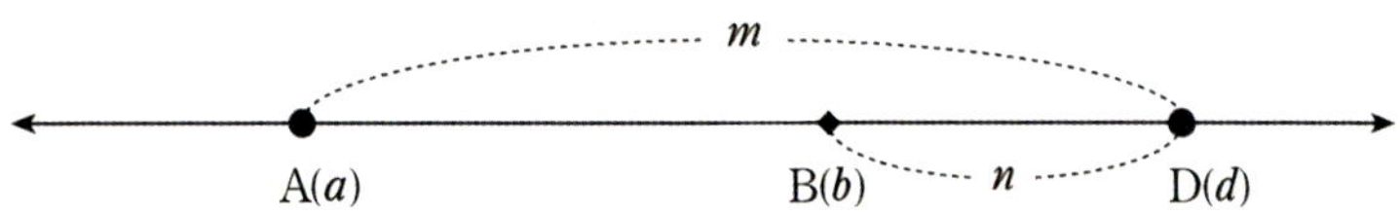

앞에서와 마찬가지로

$a < b$라고 하면 $a < b < d$이며

$\overline{\mathrm{AD}} = d - a$, $\overline{\mathrm{DB}} = d - b$

$\overline{AD} : \overline{DB} = m : n$ 이므로, $(d-a) : (d-b) = m : n$이다.

따라서 $m(d-b) = n(d-a)$

$(m-n)d = mb - na$ 그러므로 $d = \dfrac{mb-na}{m-n}$

또한, $a > b$일 때에도 같은 결과가 얻어진다.

Q) 수직선상의 두 점 $A(-4)$, $B(6)$에 대하여 다음 각 점의 좌표를 구하라.

(1) 선분 AB의 중점 M

(2) 선분 AB를 $2:3$으로 내분하는 점 C

(3) 선분 AB를 $2:3$으로 외분하는 점 D

좌표평면에서 두 점 $A(x_1, y_1)$, $B(x_2, y_2)$을 이은 선분의 내분점의 좌표는

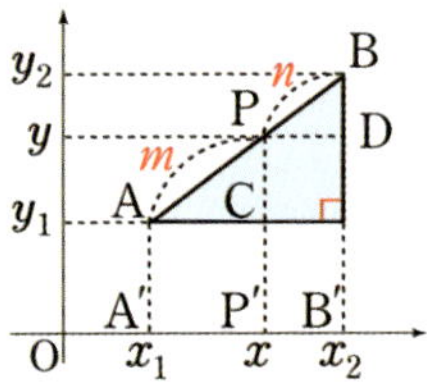

$\triangle ACP \backsim \triangle PDB$ (AA 닮음)

$\overline{AC} : \overline{PD} = \overline{AP} : \overline{PB}$

$(x - x_1) : (x_2 - x) = m : n$

$nx - nx_1 = mx_2 - mx$

식을 정리하면 $x = \dfrac{mx_2 + nx_1}{m+n}$이고,

같은 방법으로 y좌표를 구하면 $y = \dfrac{my_2 + ny_1}{m+n}$이다.

즉, 좌표평면위의 두 점 $A(x_1, y_1)$, $B(x_2, y_2)$을 $m:n$으로 내분하는 내분점은

$$P\left(\frac{mx_2 + nx_1}{m+n}, \frac{my_2 + ny_1}{m+n}\right)$$ 이다.

예를 들면 두 점이 $A(x_1, y_1)$, $B(x_2, y_2)$일 때, 두 점을 1 : 1로 내분하는 점은 중점으로 M의 좌표를 구하면, $M\left(\frac{x_1+x_2}{2}, \frac{y_1+y_2}{2}\right)$ 이다.

Q) $A(x_1, y_1)$, $B(x_2, y_2)$, $C(x_3, y_3)$를 꼭짓점으로 하는 삼각형 ABC의 무게중심의 좌표를 구해 보자.

Q) 세 점 $A(-3,5)$, $B(1,4)$, $C(2,-2)$를 꼭짓점으로 하는 삼각형 ABC의 무게중심 G의 좌표를 구해 보자.

좌표공간에서 두 점 $A(x_1,\ y_1,\ z_1)$, $B(x_2,\ y_2,\ z_2)$를 이은 선분 AB의 중점의 좌표는

$$\left(\frac{x_1+x_2}{2},\ \frac{y_1+y_2}{2},\ \frac{z_1+z_2}{2}\right)$$ 이다.

또, 세 점 $A(x_1,\ y_1,\ z_1)$, $B(x_2,\ y_2,\ z_2)$, $C(x_3,\ y_3,\ z_3)$을 꼭짓점으로 하는 삼각형의 무게중심 G는 각 꼭짓점과 그 대변의 중점을 연결하는 선분을 2 : 1로 내분하는 점이고, 그 좌표는

$$G\left(\frac{x_1+x_2+x_3}{3},\ \frac{y_1+y_2+y_3}{3},\ \frac{z_1+z_2+z_3}{3}\right)$$

Q) 좌표공간에서 세 점 $A(-1,\ 2,\ 4)$, $B(0,\ 1,\ 2)$, $C(4,\ 3,\ -3)$을 꼭짓점으로 하는 삼각형의 무게중심을 구하시오.

사각형의 무게중심

사각형의 무게중심을 찾는 방법은 여러 가지가 있다. 그 중 하나를 이용해서 사각형의 무게중심을 구해 보자.

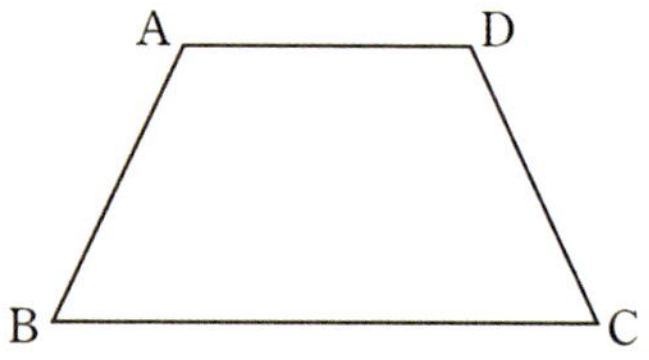

꼭짓점 A, D 에서 대각선을 그어서 네 개의 삼각형 △ABD, △BCD, $\triangle ABC$, $\triangle ACD$의 무게중심을 찾으면 G_1, G_2, G_3, G_4이고, G는 두 선분 G_1G_2와 G_3G_4의 교점이다.

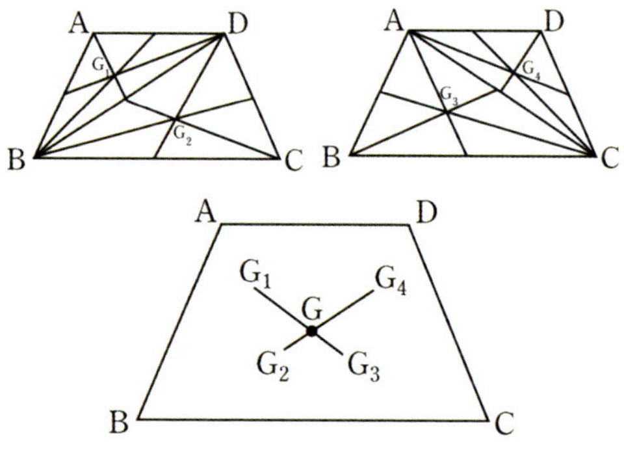

점 G가 사각형 $ABCD$의 무게중심이 되는 이유는 다음과 같다. $\triangle DAB$는 무게중심 G_1을 지나는 모든 선에 대해 평형을 이룬다. 선분 G_1G_2는 G_1을 지나기 때문에 $\triangle DAB$는 선분 G_1G_2에 대해 평형을 이룬다. 또한 선분 G_1G_2가 $\triangle BCD$의 무게중심 G_2도 지나기 때문에 $\triangle BCD$도 선분 G_1G_2에 대해 평형을 이룬다. 사각형 $ABCD$의 두 부분인 $\triangle DAB$와 $\triangle BCD$가 선분 G_1G_2에 대해 평형을 이루므로 결국 사각형 $ABCD$가 선분 G_1G_2에 대해 평형을 이룬다. 따라서 선분 G_1G_2는 사각형 $ABCD$의 무게중심을 지난다. 같은 식으로 선분 G_3G_4도 사각형 $ABCD$의 무게중심을 지난다. 그러므로 두 선분 G_1G_2와 G_3G_4의 교점 G가 사각형 $ABCD$의 무게중심이다. 동일한 방법으로 다각형의 무게중심을 구할 수 있다.

~해보세요

드론의 자이로센서의 위치

사각형모형의 드론에서 자이로센서 칩을 장착하려고 한다. 자이로센서는 지표면을 중심으로 기울기, 가속도 등을 측정할 수 있는 센서이다. 이 센서를 통해 드론의 자세나 위치를 추정해 비행을 보정할 수 있다. 대부분 드론에 탑재되는 자이로센서는 3축 가속도, 3축 각속도를 파악해 드론의 현재 위치를 파악해 기체가 기울어지지 않도록 수평 안정성을 유지해 줌으로써 안정적 비행을 가능하게 해 준다. 이 자이로 센서칩을 드론의 어느 위치에 장착하면 수평을 이루며 안정적인 비행이 가능해질까?

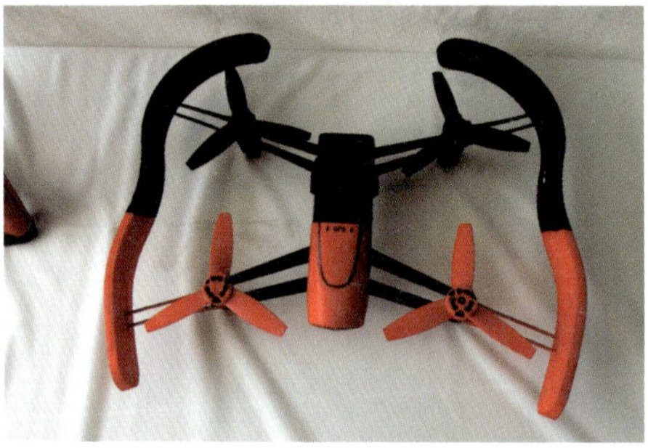

위 쿼드콥터 드론의 자이로센서 칩의 위치를 사각형의 무게중심을 이용하여 찾아봅시다.

3 도형의 넓이 구하기

재난구역에 응급구급품을 드론에 실어 보내는 과정에서 드론이 파손되었다. 파손된 모양에 따라 무게중심의 위치가 달라지지 않을까? 모양에 따라 달라지는 드론의 무게중심의 위치를 찾아보려고 한다. 비정형인 도형의 무게중심을 찾기 위해서는 비정형인 도형의 넓이를 구하여야 한다. 그렇다면 비정형 도형의 넓이는 어떻게 구할 수 있을까?

함수의 적분은 미적분학의 가장 중요한 연산 중의 하나로서 일변수 함수의 적분은 넓이와 부피를 계산하는 데 사용된다. 또한 두 개 이상의 변수를 가진 함수의 정적분과 곡선 위의 선적분, 곡면 위의 면적분 역시 여러 과학 분야에서 유용하게 사용되고 있다.

그럼 적분에 대한 여행을 시작해보자.

1) 부정적분

다음 함수 중에서 미분하여 $f(x) = 3x^2$이 되는 함수 $F(x)$를 모두 찾아라.

① $6x^2$ ② $x^3 - 3$ ③ $6x^2 + 1$ ④ $x^3 + 2$

위에서 $(6x^2)' = 12x$, $(x^3-3)' = 3x^2$, $(6x^2+1)' = 12x$, $(x^3+2)' = 3x^2$이므로 미분하여 $f(x) = 3x^2$이 되는 함수는 $F(x)=x^3-3$와 $F(x)=x^3+2$이다.

이와 같이 미분하여 $f(x)$가 되는 함수, 즉 $F(x)' = f(x)$인 함수 $F(x)$를 주어진 함수 $f(x)$의 부정적분이라고 하고, 이것을 기호로 $\int f(x)dx$ 와 같이 나타낸다.

이때, 함수 $f(x)$를 피적분함수라고 한다.

즉, $\frac{d}{dx}\int f(x)dx = f(x)$이면 x^n의 부정적분은

$$\int x^n dx = \frac{1}{n+1}x^{n+1} + c \text{ 이다. (단, } n = 0, 1, 2, 3 \cdots)$$

Q) 다음 부정적분을 구하시오.

(1) $\int 8x^3 dx$ (2) $\int 5x^4 dx$

부정적분의 성질

함수 $f(x), g(x)$의 부정적분의 하나를 $F(x), G(x)$라 하면 임의의 상수 C에 대하여 $[F(x)+C]' = F'(x) = f(x)$

$[kF(x)]' = kF'(x)$, $[F(x)+G(x)]' = F'(x)+G'(x)$이 성립하므로

(1) $\int kf(x)dx = k\int f(x)dx$ (단, k는 상수)

(2) $\int \{f(x) \pm g(x)\}dx = \int f(x)dx \pm \int g(x)dx$

2) 구분구적법

아르키메데스
(Wkimedia commons/
네이버백과http://search.naver.com/search.naver?.sm=tab_niv&ie=utf88

고대 그리스 시대 수학자 아르키메데스는 도형의 면적이나 부피를 구하는데 오늘날의 적분과 유사한 방법을 사용하였다. 아르키메데스는 구적법을 이용하여 원, 구, 포물선의 일부 등에 대한 면적과 부피를 구하는 증명을 제시하였다. 구적법은 이후 오랫동안 별다른 진전을 보이지 못하였다가 르네상스 시기에 이르러 카발리에리가 무한의 개념을 도입하면서 진전이 있었다.

1622년 카발리에리는 곡선으로 둘러싸인 도형의 면적을 매우 폭이 좁은 직사각형들의 면적을 합한 것으로 이해할

수 있다는 착상을 내놓았다. 다각형의 넓이는 보통 삼각형 또는 직사각형으로 분할하여 구할 수 있다. 그러나 직선과 곡선 또는 곡선으로 둘러싸인 도형의 넓이는 그렇게 구할 수 없다.

아래 그림과 같이 곡선으로 둘러싸인 도형의 넓이를 S, 곡선의 내부에 있는 직사각형의 넓이의 합을 L, 곡선의 내부 또는 경계선을 포함하는 직사각형의 넓이를 U라 하면 $L < S < U$이다. 이때 직사각형의 크기를 한없이 작게 하면 L과 U는 이 도형의 넓이 S에 가까워지므로 L과 U의 극한을 구하면 주어진 도형의 넓이를 구할 수 있다. 이와 같이 어떤 도형의 넓이나 부피를 구할 때, 이 도형을 여러 개의 기본 도형으로 나누어 그 기본 도형의 넓이나 부피의 합을 구하고, 이 값의 극한으로 원래 도형의 넓이나 부피를 구하는 방법을 구분구적법이라고 한다.

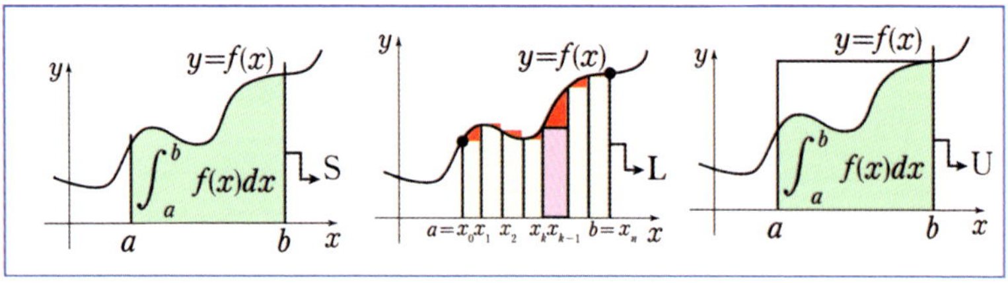

구간 $[a, b]$에서 함수 $f(x)$와 x축으로
둘러싸인 도형의 면적을 구해 보자.
위 도형들 사이의 넓이를 비교하면 $L < S < U$이다.

이제 비정형인 도형의 넓이를 구하는 방법을 구체적으로 알아볼까요? 오차를 줄이는 방법은 무엇일까요?

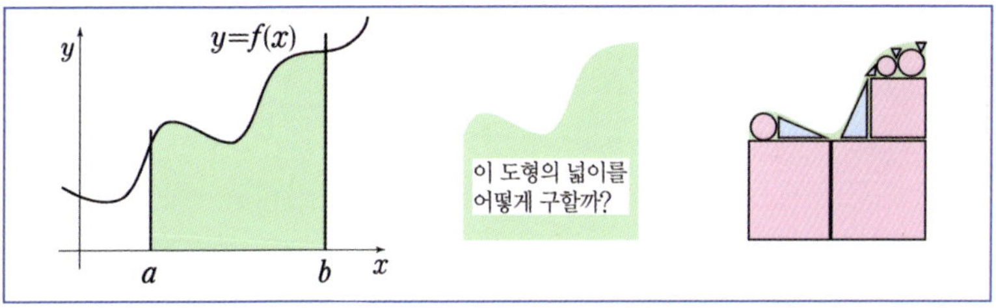

다각형의 넓이는 보통 삼각형 또는 직사각형으로 분할하여 구할 수 있지만 곡선으로 둘러싸인 비정형 도형의 넓이는 직사각형이나 삼각형, 원으로 분할하여 넓이를 구하면 오차가 커진다. 좀 더 오차를 줄이려면 **주어진 도형을 미소직사각형으로 나누어 넓이를 구하여 더한다. 이것을 식으로 정리해봅시다.**

○ 구간 $[a, b]$에서 함수 $f(x)$와 x축으로 둘러싸인 도형의 면적 구하기 구간 $[a, b]$을 n등분한 것을 $\dfrac{b-a}{n}=\Delta x$라 하면, k번째 직각형의 넓이는?

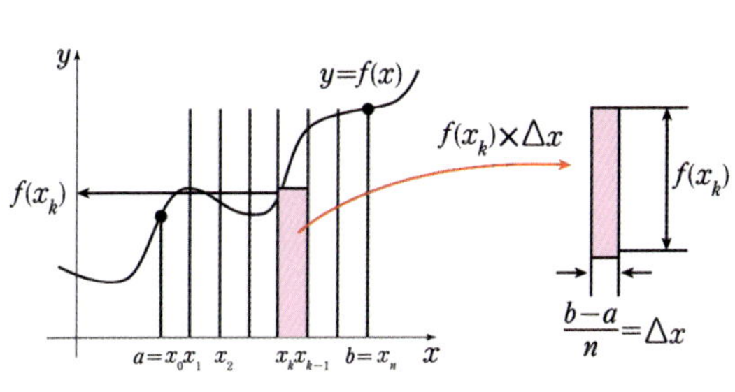

구간 $[a, b]$에서 n등분한 직사각형의 넓이의 합은 $\sum_{i=1}^{n} f(x_i) \times \Delta x$이다. 구간$[a, b]$에서 함수 $f(x)$와 x축으로 둘러싸인 도형의 넓이는 $\lim_{n \to \infty} \sum_{i=1}^{n} f(x_i) \times \Delta x$이다.

이 극한값을 함수 $f(x)$의 구간 a에서 b까지의 정적분이라 하고 이것을 기호로 $\int_a^b f(x)dx$ 와 같이 나타낸다.

3) 정적분의 계산

$\frac{d}{dx}\int_a^x f(t)dt = f(x)$이 성립하면 $\int_a^x f(t)dt$은 $f(x)$의 부정적분 중 하나이므로 $f(x)$의 원시함수가 $F(x)$일 때, $\int_a^x f(t)dt = F(x) + C$ 이 된다. $\int_a^x f(t)dt$ 이 x에 관한 함수이므로 식의 x에 a를 대입하면

$0 = \int_a^a f(t)dt = F(a) + C$

$\therefore C = -F(a)$ 그러므로 $\int_a^x f(t)dt = F(x) - F(a)$이 성립한다.

Q) 다음 정적분을 구해 보자.

(1) $\int_{0}^{2} 6x^2 dx$

(2) $\int_{1}^{2} (x^2 - 1) dx$

정적분의 성질

a, b 가 상수일 때

(1) $\int_{a}^{b} kf(x)dx = k\int_{a}^{b} f(x)dx$ (단, k는 상수)

(2) $\int_{a}^{b} \{f(x) \pm g(x)\}dx = \int_{a}^{b} f(x)dx \pm \int_{a}^{b} g(x)dx$

4) 모멘트와 적분을 이용하여 질량이 있는 물체의 무게중심 구하기

질량이 있는 파손된 비정형인 드론의 무게중심을 구하기 위해서 모멘트와 적분을 이용해서 찾아보려고 한다.

아래 그림처럼 연속함수 $f(x)$로 이루어진 곡선과 x축으로 둘러싸인 도형 A의 무게 중심을 구해 보자.

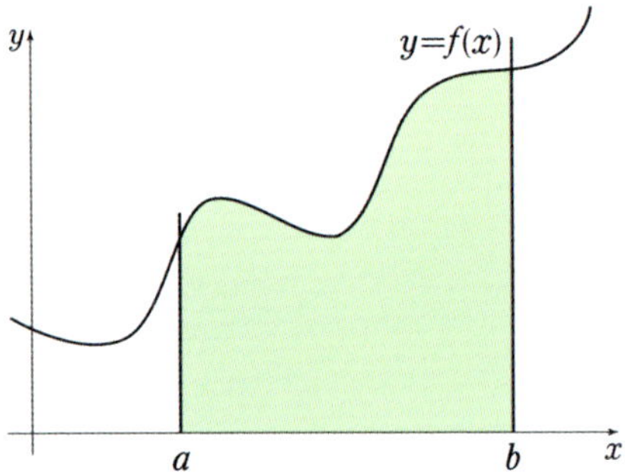

도형 A

지렛대의 원리에서 어떤 물체의 무게와 원점까지의 거리의 곱을 그 물체의 원점에 대한 모멘트(moment)라고 정의했다. 무게 중심은 모멘트를 무게로 나눈 값으로 구할 수 있음을 배웠다. 따라서 어느 도형의 무게 중심을 구하기 위해서는 그 도형의 무게와 모멘트를 계산하여야 한다.

위 도형 A의 무게 중심을 $(\overline{x},\ \overline{y})$와 같이 좌표로 나타낼 수 있다.

$\overline{x}$는 이 도형의 무게와 y축까지의 거리로 생각할 수 있다. 따라서 이 도형의 y축에 대한 모멘트를 이 도형의 무게로 나눈 값으로 $\overline{x}$를 구할 수 있을 것이다.

같은 방식으로 $\overline{y}$는 이 도형의 무게와 x축까지의 거리로 생각할 수 있으므로, 이 도형의 x축에 대한 모멘트에 이 도형의 무게를 나눈 값으로 $\overline{y}$를 구할 수 있을 것이다.

도형 A와 같이 연속적인 물체의 무게 중심을 구할 때는 구분구적법을 이용하여 유한개의 물체로 나누어서 계산하면 편리하다. 이를 위하여 먼저 유한개의 점에 놓여있는 유한개의 물체로 구성된 도형의 무게 중심을 구해 보자.

점 $(x_0,\ y_0)$위에 있는 물체의 무게가 m이라면 그 물체는 y축까지의 거리가 x_0이므로 그 물체의 y축에 대한 모멘트는 $M = mx_0$이다.

보다 일반적으로 n개의 점 (x_1, y_1), (x_2, y_2), ..., (x_n, y_n)에 놓여있는 n개의 물체의 무게가 각각 $m_1, m_2, \cdots, m_n$이라면 이 물체 모두의 y축에 대한 모멘트는 $M_y = \sum_{i=1}^{n} m_i x_i$ 와 같이 나타나게 된다.

이와 같은 방법으로 이 물체 모두의 x축에 대한 모멘트도 $M_x = \sum_{i=1}^{n} m_i y_i$ 으로 구할 수 있다.

따라서 이 물체들의 무게 중심은

$$\left(\frac{M_y}{M}, \frac{M_x}{M}\right) = \left(\frac{\sum_{i=1}^{n} m_i x_i}{M}, \frac{\sum_{i=1}^{n} m_i y_i}{M}\right)$$

이다. (단, M은 도형의 전체무게. 즉, $M = \sum_{i=1}^{n} m_i$, 질량=밀도×넓이)

이제 원래의 Q로 돌아가서 도형 A의 무게 중심을 구해 보자. 함수 f가

폐구간 $[a,b]$에서 연속이고, $f(x) \geq 0$이라 할 때, $x=a$, $x=b$, $y=f(x)$ 및 x축으로 둘러싸인 밀도가 k로 일정한 함수라고 하자. 이 함수를 구분구적법의 아이디어를 이용하여 작은 직사각형의 형태로 나누었다고 생각하고 이 직사각형의 무게와 x축과 y축에 대한 모멘트를 구함으로써 구하고자 하는 도형의 무게 중심을 구할 수 있다.

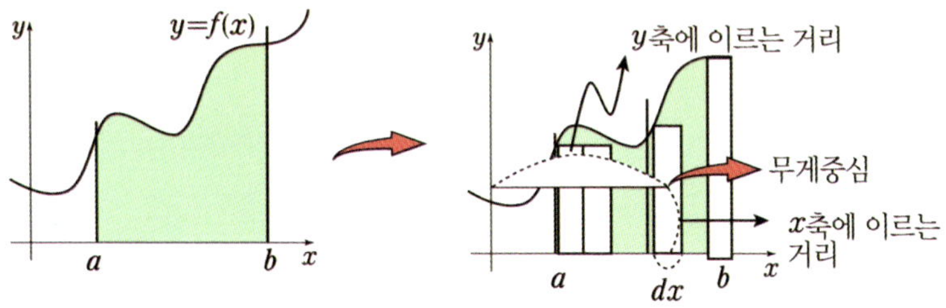

(1) 각 사각형의 무게의 합, 즉, 도형의 무게를 구하면 곡선으로 둘러싸인 넓이와 밀도의 곱이므로 $M=k\int_a^b f(x)dx$ 이다.

(2) 각 직사각형의 넓이는 $f(x)dx$이고 이 사각형의 y축까지의 거리가 x 이므로 전체 도형의 y축에 대한 모멘트는 $M_y=k\int_a^b xf(x)dx$ 이다.

(3) 같은 방식으로 각 직사각형의 넓이는 $f(x)dx$이고 이 사각형의 x축까지의 거리[5]가 $\frac{1}{2}y$ 이므로 전체 도형의 x축에 대한 모멘트는

$M_x = \frac{1}{2}k\int_a^b yf(x)dx$ 이다. 이때 $y = f(x)$ 이므로

$M_x = \frac{1}{2}k\int_a^b yf(x)dx = \frac{1}{2}k\int_a^b \{f(x)\}^2 dx$ 이다.

위 (1), (2), (3)을 종합하면 구하고자 하는 도형의 무게중심은 다음과 같다.

$$\text{무게중심은} \left(\frac{\int_a^b xf(x)dx}{\int_a^b f(x)dx}, \frac{\frac{1}{2}\int_a^b \{f(x)\}^2 dx}{\int_a^b f(x)dx} \right)$$

그림과 같이 무게가 m인 양철판이 x에 관한 함수 $m = m(x)$, $\overline{\mathrm{x}} = \overline{\mathrm{x}}(x)$, $\overline{\mathrm{y}} = \overline{\mathrm{y}}(x)$ 이고 밀도함수가 일정할 때, 이때 주어진 영역에서 무게중심을 구해 보자

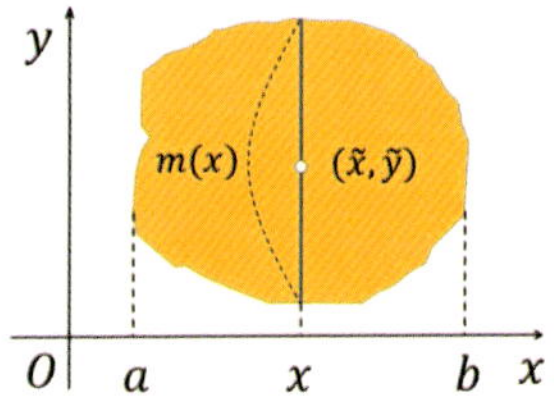

5) 사각형의 무게중심과의 거리를 의미함

$$m = \int_a^b m(x)dx, \; M_y = \int_a^b \bar{x} m(x)dx$$

$$M_x = \int_a^b \frac{1}{2} \bar{y} m(x)dx = \frac{1}{2} \int_a^b \bar{y} m(x)dx$$

무게중심은 $\left(\frac{M_y}{m}, \frac{M_x}{m}\right) = \left(\frac{\int_a^b \bar{x} m(x)dx}{\int_a^b m(x)dx}, \frac{\frac{1}{2}\int_a^b \bar{y} m(x)dx}{\int_a^b m(x)dx}\right)$이다.

Q) 그림과 같이 반지름이 r인 반원의 무게 중심을 구해 보자. (단, 밀도는 균일하다.)

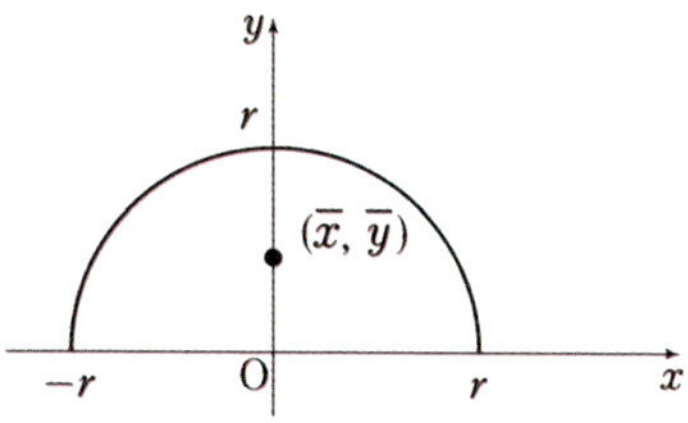

이와 같은 수학적 상황을 알고 난 후, 드론이 재난구호물품을 실어 나르다가 파손이 되었지만 드론의 애초 형태의 무게중심과 파손된 형태의 무게중심 사이의 관계를 정확하게 계산을 하여 무사히 재난 구호물품을 전해 줄 수 있었다.

~해보세요

재난구호물품을 실어 나르는 드론이 일부 파손되어 아래 그림과 같이 $y = x^2$ 와 $y = 4$으로 둘러싸인 모양이 되었다. 드론의 모양이 변형되어 무게중심의 위치가 바뀌게 되었을 때 파손된 드론의 무게중심을 찾아보시오.(단, 밀도는 1로 균일하다)

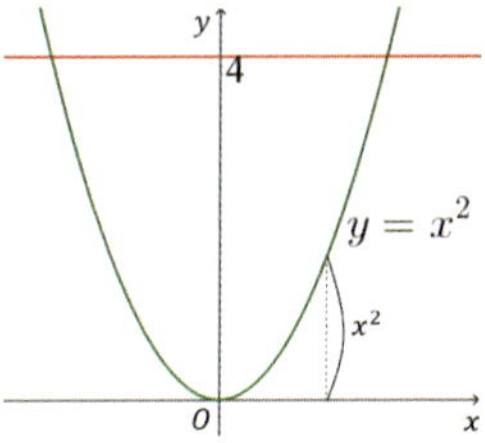

CHAPTER

04

미래사회와 드론

1. 드론의 성장
2. 완벽한 드론 유저(user)

• 세상에 나쁜 드론은 없다 •

나는 지난주에 드론에 관심이 많은 두 명의 친구들과 드론에 대해 이야기할 기회가 있었다. 생각보다 친구들도 드론에 대해 관심이 많다는 사실에 적잖이 놀라기도 했다.

나 : 얼마 전에 드론을 처음 봤을 땐 몰랐는데 자꾸 알아보니 드론이 참 매력적으로 보여! 처음엔 단순히 날리는 어른들의 장난감이라는 생각을 했었는데 뉴스나 인터넷에서 자료를 찾아보다보니 사용할 수 있는 용도가 무궁무진하다는 것을 알게 되었어.

지성 : 너도 드론에 빠져든 거야? 아마 쉽게 빠져나가지 못할걸. 난 요즘 드론을 이용해서 무엇을 하면 좋을지 생각해보고 있어. 물론 지금은 여전히 잘 모르지만 그래도 드론을 내가 원하는 곳으로 보낼 수 있게 될 정도는 돼.

지수 : 우와 벌써 그 정도야? 드론을 구입한지 얼마 되지 않았잖아.

지성 : 그래. 얼마 되지는 않았지만 드론을 날리는 게 재미있어서 연습을 많이 했어.

나 : 요즘 드론에 대한 뉴스가 많이 나오는데 얼마 전 뉴스에서는 실종아동을 찾는데 드론을 이용했다는 이야기를 들었어. 특히 험한 산속을 사람들이 직접 들어가기가 힘드니까 드론을 이용한 것이 효율적이라는 생각이 들어.

미영 : 난 드론을 이용해서 촬영한 영상을 보면서 평소에는 볼 수 없는 굉장히 웅장하고 신기한 장면이 나와서 신선한 충격을 받았어. 미래사회에서는 드론이 어떤 용도에 사용이 될까? 너희들 혹시 생각해 본적이 있니?

지성 : 아마 우리가 알고 있는 내용보다도 더 많이 사용될 것 같은데. 난 이제까지 알고 있는 것으로는 물건을 나르거나, 물에 빠진 사람을 구조하기 위해 구명튜브를 던져주는 것, 아니면 농약을 뿌리는데 사용된다는 것은 뉴스에서 들은 적이 있어. 그리고 수중에서 촬영을 위해서 드론을 사용한다는 이야기도 들었어.

나 : 물 속을 나는 드론. 드론은 무조건 하늘을 날기만 해야 한다는 선입견을 깨주는 것 같네. 그래 미래사회에서는 우리가 생각하지도 못한 영역에서 드론이 사용할거라 생각해. 예를 들어서 조금 크고 튼튼하게 만든다면 화재 시 사람을 구조하고, 응급환자를 이송할 때도 드론을 이용할 수도 있을 것 같아.

물론 헬기를 이용하기도 하지만 헬기는 우선 비용이 많이 들잖아. 재난 장소까지 출동하는 데 시간도 많이 걸리고.

지수 : 드론을 이용해서 사람을 이송한다고? 굉장히 위험해 보이는데?

지성 : 그래 지금 우리가 생각하기에는 위험해 보이기는 한데 아마 미래에는 드론을 안전하게 이용할 수 있도록 만들 수 있을 거야. 자동차나 비행기도 처음 만들어 졌을 때는 매우 위험하다고 사람들이 생각하지 않았을까? 그러나 지금은 누구나 안전하다고 믿고 이용하고 있잖아. 아마도 미래에는 모든 사람들이 그렇게 생각할 거야.

지수 : 그러긴 하네. 그럼 비행기나 헬리콥터 등을 드론이 대신할 수 있다면 비용은 매우 저렴하겠네.

나 : 그래. 사람들이 안전에 대해 많이 연구를 할 거야. 얼마 전에 드론 때문에 다치거나 심지어는 영국에서는 드론으로 인해 실명한 아기가 있었다는 뉴스를 본 적이 있어.

지성 : 맞아. 우리나라에서도 드론이 추락하여 큰 사고가 날 뻔했다는 뉴스를 보았어. 특별히 드론을 날리면서 조심해야 할 것

같아.

지수 : 드론을 날리는 사람이 만약 나쁜 마음을 먹는다면 범죄에 이용될 수도 있겠네.

지성 : 그래 그럴 것 같아. 특히 드론에 장착된 카메라에는 아무나 찍히잖나. 이게 사생활 침해가 된다고도 생각해. 누군가가 나를 몰래 지켜보고 있다고 생각하면 생각만 해도 끔찍해.

1 드론의 성장

미래사회에서 드론의 사용영역은 무한히 넓어질 것으로 예상이 된다. 아마도 우리가 생각하는 것 이상의 상황에서 드론이 사용될 것이다. 그리고 드론의 성능은 많이 바뀔 것이다. 시간이 지나면서 과학과 기술이 발전하게 되고 앞으로 미래사회에서는 드론이 어떤 역할을 하게 될지는 아무도 모른다. 그만큼 기술이 지금과는 달리 무한히 발전하기 때문이다.

그럼 지금부터 앞으로 바뀔 것으로 예상되는 드론의 성능에 대해 생각해보자. 먼저, 우리나라에서 드론이 발전하기 위해서는 어떠한 조건들이 필요할까?

첫째. 드론이 좀 더 튼튼하게 제작되어야 하며, 많은 사람들이 사용하기 위해 좀 더 저렴한 가격의 드론이 보급되어야 한다. 너무 약해서 금방 망가져 버린다면 사람들은 한두 번 취미차원에서 이용해보다가 쉽게 흥미를 잃게 된다. 또한 저렴한 드론이 많이 보급되어야 사람들이 관심을 가지고 드론에 흥미를 가질 수 있게 된다. 드론을 이용하는 수요가 많아질 때 드론산업이 발전할 수 있기 때문이다.

둘째. 드론이 많이 보급되기 위해서는 드론을 취미차원에서 개개인이 혼자서 다루기보다는 전문적인 학원이나 학교의 드론학과의 개설이 확대되어야 한다. 지금 현재 몇 몇 대학에 드론학과가 개설되어 있기는 하지만 많은 사람을 수용하기에는 아직도 부족한 현실이다. 지금처럼 취미 차원에서 몇 몇 사람들에게 한정된 것이라면 드론산업이 발전할 수 없다.

셋째. 드론에 적용할 기술을 많이 개발해야 한다. 조종하기가 어려워 쉽게 포기하는 사람들이 많다. 그러나 자이로스코프와 같은 여러 가지 센서들이 많이 개발이 되어 저렴한 가격에 드론에 장착이 된다면 사람들은 드론을 쉽게 조종할 수 있을 것이다.

드론 내부에 장착된 자이로스코프

넷째. 배터리의 성능을 좀 더 개선하여 오랜 비행시간을 보장할 수 있어야 한다. 물론 성능이 좋은 배터리는 개발이 되어 있다. 하지만 드론에 바로 적용할 수 있게 가벼우면서 오랫동안 지속되는 배터리는 아직도 고가이다. 특히 겨우 15분 남짓한 배터리의 성능으로는 사람들의 욕구를 충족시킬 수 없다. 좀 더 저렴한 가격의 성능 좋은 배터리가 개발이 되어야 드론산업이 발전할 수 있을 것이다.

다섯째. 국내 드론에 대한 제약이 완화되어야 한다. 국내에서는 한국항공우주산업(KAI)과 대한항공이 드론 연구 개발에 적극적이다. 방위산업체나 중소기업, 택배업체들도 최근 드론에 관심을 보이고 있다. 그러나 이런 관심에 비해 한국은 드론을 사용하는 데 여러 가지 제약이 많다. 드론이 아직까지 항공기로 취급받고 있으며 법적으로도 여전히 군사용이나 공적 업무용으로만 그 사용이 제한되어 있기 때문이다. 드론을 상업용으로 활용 가능하려면 관련 규정이나 법 개정이 필요하다. 이러한 상황은 한국뿐만 아니라 북미나 유럽 지역도 비슷하다.

독일 DHL은 드론을 이용하기 위해 비행 구간도 따로 만들고 속도도 시간당 40마일로 제한해서 운행한다. 이러한 한계에도 불구하고 드론 시장은 꾸준히 성장하고 있다. 미국 방위산업 전문 컨설팅업체 틸그룹은 향후 드론 시장이 “2020년까지 연평균 8% 이상 성장해 114억 달러 규모로 발전할 것”이라고 전망했다. 드론 제작업체 중에서 대표적으로 성장하는 업체는 DJI이다. DJI는 중국 심천에 본사가 있으며 2011년 매출이 420만 달러였으나, 2013년엔 1억3천만 달러로 크게 증가했다. 2006년 작은 사무실에서 시작하였으나 이제는 3,000명 이상의 직원이 있을 만큼 큰 회사로 성장하고 있다. DJI는 이러한 성장을 기반으로 처음 출시한 저가형 드론에서 벗어나 다양한 기능을 담은 고가용 제품을 꾸준히 개발하고 있는 회사가 변모하고 있다.

이렇게 급부상하고 있는 드론의 열기 때문에 2015년 열린 국제 소비자 가전쇼(CES)에서는 드론을 위한 전시장이 6,500㎡ 규모로 준비가 되어 많은 회사에서 자기 회사에서 만든 드론을 소개하는 시간이 되었었다. 이처럼 드론산업의 성장은 당분간 지속될 것이 틀림없다.

~해보세요

우리들이 드론을 이용하는 데 필요한 것들이 무엇이 있는지를 알아봅시다. 그리고 미래사회에 드론이 어떤 용도로 사용될 수 있는지에 대해 이야기해 봅시다.

2 완벽한 드론 유저(user)

드론산업이 발전하게 되면 한편으로 주의해야 할 점이 있다. 많은 나라가 드론의 가장 큰 문제점으로 '안전'을 꼽는다. 테러리스트가 드론에 폭발물이나 위험물질을 장착하여 우리의 안전을 위협할 수 있다. 또한 그러한 목적이 아니더라도 고장이나 조종능력이 부족하여 갑자기 추락한다면 인명사고로 이어질 수 있다. 그리고 해킹을 당하여 본인의 의사와는 관계없이 엉뚱한 곳으로 날아가거나 장애물이 갑자기 나타나서 부딪힐 위험도 존재한다.

또한 드론에 카메라를 장착할 수 있게 되어 사생활 침해 위협도 늘어나고 있다. 사람이 직접 촬영하기 힘들거나 위험한 곳을 촬영하기 위해 드론이 많이 사용되고 있어서 좋은 점이기는 하지만 개인의 사생활을 동의 없이 촬영하게 된다면 나중에 큰 사건으로 확장될 수 있게 된다. 실제로 캘리포니아의 한 남성은 드론이 사생활을 침해하였다는 이유로 드론을 부숴버려 손해배상 소송에 휘말리게 된 사건이 발생하기도 했다.

~해보세요

드론을 이용하여 영상을 찍는 것은 사생활침해라고 생각하나요? 그렇다면 왜 그렇다고 생각하나요?

에필로그

'이제 조금 자신감이 생기는 것 같다!'

드론이라는 주제에 끌려서 이것저것 열심히 찾아보고 알아보고, 공부해 보았던 기억이 새록새록 난다. 처음에는 드론을 멀리 날리는 모습이 그저 멋있어 보여 알아보기 시작했는데 좌충우돌하는 과정 속에서 많은 수학적이고 과학적인 원리가 숨어있다는 것도 알게 되었다.

왜 드론을 이제야 알게 되었는지 조금은 아쉽기까지 하였다.

1년 전, 나의 진로에 대해서 막막해 하면서 무기력하게 지내던 시절이 떠오른다. 학교에서 수업을 들어도 재미가 없었고 어떤 활동을 해도 흥미가 생기지 않았다. 하지만 이제는 드론 조종사라는 꿈을 가졌기 때문에 내일이 기다려진다. 아직까지 드론에 대해서 완벽하게 알지는 못하지만 조금만 더 공부하면 드론에 대해서는 전문가가 될 수 있을 것 같다는 생각이 든다. 지금까지 잘 해왔던 것처럼 앞으로도 더 잘 할 수 있을 것이라는 자신감이 생긴다.

정답 및 해설

43 – 동일한 속력으로 직선도로 위를 달리는 자동차

– 얼음(마찰이 없는) 위에서 동일한 속도로 움직이는 물체

43 [풀이] 80 × 2 = 160

49 [풀이] 등가속도 운동을 하는 물체의 예

– 일정한 기울기를 갖는 빗면을 내려가는 물체

– 공기의 저항이 없다고 가정한 장소에서 가만히 들고 있다가 놓은 물체

49 [풀이] 가속도 $a=\frac{15-0}{3}=5m/s^2$

변위 $S=v_0t+\frac{1}{2}at^2=0+\frac{1}{2}\times 5\times 10^2=250m$

[별해] 10초 후의 물체의 속도는 $v=5\times 10=50m/s$이고

$v=40, v_0=0, a=4$이므로 등가속도 운동의 3번째 관계식에

의해 $v^2-v_0^2=2as$에 의해 $50^2-0=2\times 5\times S$이고 $S=250m$

60 목적지의 높이가 $20m$ 이므로 좌표공간에서의 1은 $10m$에 해당한다.

두 점 $A(1,2,3)$, $Q(-2,-2,2)$ 사이의 거리는

$\overline{AQ}=\sqrt{\{1-(-2)\}^2+\{2-(-2)\}^2+(3-2)^2}=\sqrt{26}$ 이다.

따라서 목적지까지 도달하는 데 남은 거리는 $10\sqrt{26}\,m$ 이다.

61 목적지의 좌표는 $Q(-2,-2,2)$ 이므로 드론의 위치 $P(x,y,z)$와의 거리는

$\overline{PQ}=\sqrt{(x+2)^2+(y+2)^2+(z-2)^2}$ 가 된다.

65 [예시답안]

영상자료 출처 https://www.youtube.com/watch?v=suSOebVQ-IQ	
참고 영상 주소	QR코드

드론의 충돌회피기술을 활용해서는 드론을 활용한 경주 이외에 도심지 내에서 건물들을 피해서 도심지 사이 만을 움직이는 퀵서비스를 할 수 있다. 도심지 내에 있는 여러 고층건물들을 피해 원하는 곳으로 물건을 배송할 때 큰 역할을 할 것이다.

65 [예시답안]

문제의 그림에서 위치한 각 장애물을 좌표공간을 구성하는 요소 중 점과 선으로 표현해보자. 이 때 드론이 장애물을 피해서 움직이는 것은 한 정점과 이 점을 지나지 않는 직선 모두에 일정한 거리를 유지하며

움직여야 한다는 것을 알 수 있다. 아래의 그림은 위의 문제를 드론을 한 움직이는 점 P로 나타내고 점 Q를 장애물로 나타낸 그림이다.

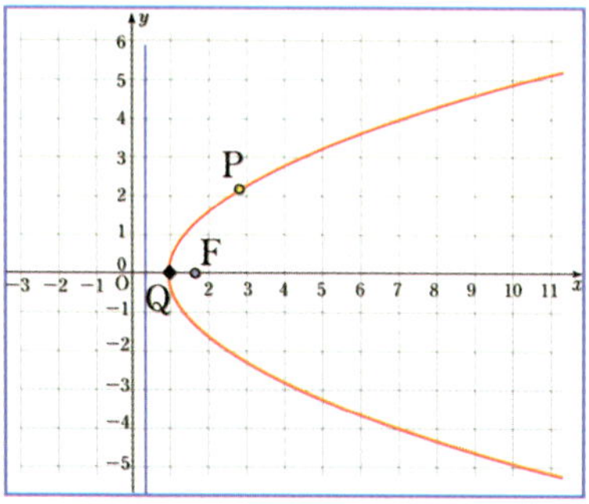

드론의 좌표를 $P=(x,y)$라 하고 논의를 시작하자.

드론이 날아가야 하는 목적지를 $Q=(1,0)$이라고 하자. 드론은 장애물과 큰 벽 사이을 지나야 하므로 큰 벽은 직선 $x=-p+2$이라고 하자. 또한 드론이 피해야 하는 장애물을 한 정점 $F=(p+2,0)$라고 하자. 점 P에서 직선에 내린 수선의 발을 $H=(-p+2,y)$로 두자. 이제 점 P에서 한 정점 F와 이 점을 지나지 않는 직선까지의 거리가 같다. 즉 $\overline{PF}=\overline{PH}$이다. 이를 식으로 정리하면 다음과 같다. 즉

$\sqrt{(x-p-2)^2+y^2}=|x+p-2|$이 된다. 이 식을 정리하면

$y^2=4(xp-2p)$가 되어 포물선의 방정식의 형태를 갖는다. 따라서 이러한 경우에 드론의 경로는 포물선과 일치한다는 것을 알 수 있다.

75 [풀이] 우리가 지면을 밟고 걸어 다닐 때

강가에서 배의 노를 저어 앞으로 갈 때

수영을 할 때
두 사람이 서로를 마주 보면서 상대방을 밀 때

77 질량이 3인 물체는 받침대로부터 2만큼 떨어지고, 질량이 2인 물체는 받침대로부터 3만큼 떨어진 거리에 놓는다.

79 [풀이] 무게중심 물체의 무게중심은 돌림힘의 기준점(O)과 같다. 기준점에서 추가적인 힘(물체의 무게)가 가해진다고 하자. 하지만 기준점으로부터 떨어진 거리(r)가 0이므로 전체 돌림힘의 합도 0이다.

85 (1) $M=\dfrac{(-4)+6}{2}=1$

(2) $\dfrac{2\times 6+(-4)\times 3}{2+3}=\dfrac{12-12}{5}=0$

(3) $\dfrac{2\times 6-(-4)\times 3}{2-3}=\dfrac{12+12}{-1}=-24$

86 $\mathrm{E}=\dfrac{x_1+x_3}{2}$,G는 점 B와 E를 2 : 1로 내분하는 점으로

$$\mathrm{G}\left(\frac{x_1+x_2+x_3}{3},\frac{y_1+y_2+y_3}{3}\right)$$

86 $\left(\dfrac{-3+1+2}{3}, \dfrac{5+4+(-2)}{3}\right)=\left(0, \dfrac{8}{3}\right)$

87 $\mathrm{G}\left(\dfrac{-1+0+4}{3}, \dfrac{2+1+3}{3}, \dfrac{4+2-3}{3}\right)=\mathrm{G}(1, 2, 1)$

90 G_1, G_2, G_3, G_4는 각각 삼각형 $\triangle DAB$, $\triangle BCD$, $\triangle ABC$, $\triangle CDA$의 무게중심이고, G는 두 선분 G_1G_2와 G_3G_4의 교점이다. 점 G가 사각형 $ABCD$의 무게중심이 된다.

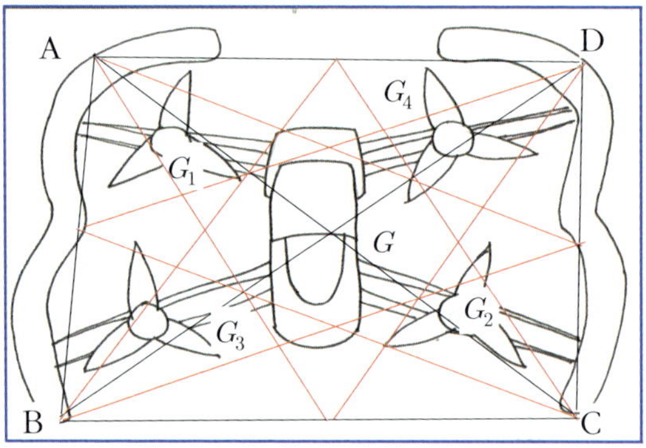

92 (1) $2x^4+C$

(2) x^5+C

97 (1) $\displaystyle\int_0^2 6x^2dx = [2x^3]_0^2 = 2\times2^3-0=16$

(2) $\displaystyle\int_1^2 (x^2-1)dx=\left[\frac{1}{3}x^3-x\right]_1^2=\left(\frac{8}{3}-2\right)-\left(\frac{1}{3}-1\right)=\frac{4}{3}$

102 질량의 총합은 반원의 넓이이므로 $M=\frac{\pi r^2}{2}$

$\bar{x}=0$ (y축까지의 거리가 0이므로)

$$\bar{y}=\frac{2}{\pi r^2}\int_{-r}^{r}\frac{1}{2}(r^2-x^2)dx$$

$$=\frac{2}{\pi r^2}\frac{1}{2}[r^2x-\frac{1}{3}x^3]=\frac{4r}{3\pi}$$

답 $(\bar{x},\ \bar{y})=(\ 0,\ \frac{4r}{3\pi})$

103 [풀이] $m(x)=4-x^2$,

$\bar{x}=x$ (x축까지 거리 함수)

$\bar{y}=\frac{4-x^2}{2}+x^2=2+\frac{x^2}{2}=\frac{1}{2}(4+x^2)$ (y축까지 거리 함수)

$$M_x=\frac{1}{2}\int_{-2}^{2}(4-x^2)(4+x^2)dx$$
$$=\frac{1}{2}\int_{-2}^{2}(16-x^4)dx=\frac{1}{2}\left[16x-\frac{1}{5}x^5\right]_{-2}^{2}$$
$$=\frac{1}{2}[(16\times 2-\frac{1}{5}\times 2^5)-(-2\times 16-\frac{1}{5}\times(-2)^5]$$
$$=\frac{1}{2}[(32-\frac{32}{5})-(-32+\frac{32}{5})]=\frac{1}{2}(64-\frac{64}{5})=\frac{128}{5}$$

$$M_y=\int_{-2}^{2}x(4-x^2)dx=0$$

$$M = \int_{-2}^{2} (4-x^2)dx = [4x - \frac{1}{3}x^3]_{-2}^{2}$$
$$= (4\times 2 - \frac{1}{3}\times 2^3) - -2\times 4 - \frac{1}{3}(-2)^3$$
$$= (8 - \frac{8}{3}) - (-8 + \frac{8}{3}) = (16 - \frac{16}{3}) = \frac{32}{3}$$

따라서 무게중심은

$$\left(\frac{M_y}{M}, \frac{M_x}{M}\right) = \left(0, \frac{\frac{128}{5}}{\frac{32}{3}}\right) = (0, \frac{128}{5}\times\frac{3}{32}) = \left(0, \frac{12}{5}\right)$$

115 [예시답안]

드론을 이용해서 영상을 찍는 것은 사생활침해라고 생각한다. 영상을 찍기 전에 그 사람들의 동의를 구하지 않았기 때문이다. 또한 이 영상에 찍힌 사람들은 영상이 어떻게 쓰이는지도 모를 것이며 자신의 어떠한 행동을 할 때 영상을 찍었는지도 잘 모를 것이기 때문이다.

참고 문헌 및 참고자료

| 참고문헌 |

고등학교 기하와 벡터 교과서, 우정호 외, 두산동아(2014)

고등학교 물리I 교과서, 김영민 외 ,교학사(2011)

고등학교 미적분 I 교과서, 우정호 외, 두산동아(2014)

고등학교 미적분 II 교과서, 우정호 외, 두산동아(2014)

고등학교 수학 I 교과서, 우정호 외, 두산동아(2014)

드론은 산업의 미래를 어떻게 바꾸는가', 이원영 외, 한스미디어(2015)

수학교육과정과 교재연구, 김남희 외, 경문사(2013)

왜 지금 드론인가, 편석준 외, 미래의 창(2015)

일반물리학, 일반물리학 교재편찬위원회, 북스힐(2010)

중학교 수학2 교과서, 김원경 외, 비상교육(2014)

중학교 수학3 교과서, 김원경 외, 비상교육(2014)

| 참고자료 |

(신문기사 및 보도자료)

D1 그랑프리, 하늘을 달리는 드론, 뉴시스 2016. 07. 24

드론전성시대 ③ 드론, IT 기술융합과 발전 이끈다, IT조선 2015. 10. 03 (http://www.it.co.kr/news/article.html?no=2808565)

특허청 보도자료, '드론 사고 위험? 충돌 회피 기술이 책임진다.' (2015. 07. 28)

(인터넷 참고자료)

위키백과(에너지 보존법칙)

- https://ko.wikipedia.org/wiki/%EC%97%90%EB%84%88%EC%A7%80_%EB%B3%B4%EC%A1%B4_%EB%B2%95%EC%B9%99

(네이버캐스트)

- http://navercast.naver.com/contents.nhn?rid=20&contents_id=1419

(네이버 지식백과)

- http://terms.naver.com/entry.nhn?docId=1540077&cid=47309&categoryId=47309
- http://terms.naver.com/entry.nhn?docId=3343505&cid=47338&categoryId=47338
- http://terms.naver.com/entry.nhn?docId=3343507&cid=47338&categoryId=47338&expCategoryId=47338
- http://search.naver.com/search.naver?.sm=tab_niv&ie=utf88

찾아보기

고 호 경
아주대학교 교육대학원 교수

최 수 영
아주대학교 수학과 교수

김 형 식
영생고등학교 교사

김 홍 겸
이호중학교 교사

이 성 자
부안중학교 교사

신 민 경
아주대학교 교육대학원

드론, 수학으로 날다!

2017년 3월 30일 초판 인쇄
2017년 4월 05일 초판 발행

저 자 • 고호경·최수영·김형식·김홍겸·이성자·신민경
발행자 • 오판근
발행처 • (주) 교 우

주 소 • 서울특별시 동대문구 약령시로 8 교우빌딩 2층
전 화 • 925-2861~2, 편집부 / 925-2825, 홈쇼핑 / 969-5762
팩 스 • 925-2860
E-mail • kyowoo@kyowoo.co.kr
홈페이지 • http://www.kyowoo.co.kr
북스토어(쇼핑몰) • http://www.kyowoo.co.kr

등록 / 1994. 3. 24 제1994-000013호

ISBN 979-11-251-0199-4 (13410)

값 **12,000**원